Der On-Time, On-Target Manager erzählt die Geschichte von Bob, einem typischen Manager der mitt-
leren Führungsebene, der alles bis zur letzten Minute
aufschiebt. Die Folge: Er verpasst wichtige Termine,
weil er aufgrund mangelnder Fokussierung alle
möglichen unwichtigen Dinge erledigt, bevor er zu
den wirklich wichtigen Aufgaben kommt. Wie viele
seiner Berufskollegen ist Bob um Rationalisierung,
Rechtfertigung und Erklärung seines Verhaltens bemüht. Glücklicherweise wird Bob zur CEO (»Chief
Effectiveness Officer«), der neu angeheuerten Effektivitätstrainerin seines Unternehmens, geschickt, die
ihm dabei hilft, drei negative Nebeneffekte seiner
Aufschiebetaktik – Verspätung, schlechte Arbeitsqualität und Stress für sich und andere – zu bewältigen: Bob lernt, wie man sich von einem krisenanfäl-
ligen Last-Minute-Manager zu einem produktiven
Zeit/Ziel-Manager entwickelt.

Mit ihrer fesselnden Parabel bieten Blanchard
und Gottry dem Leser praktische Strategien, mit denen sich die eigenen Leistungen deutlich verbessern
lassen.

KEN BLANCHARD
STEVE GOTTRY

Der On-Time,
On-Target Manager

Wie Bob vom ewigen Last-Minute-
zum erfolgreichen
Zeit/Ziel-Manager wird

Aus dem Englischen von
Helga Höhlein und
Brigitte von Werneburg

ı Hoffmann und Campe ı

1. Auflage 2005
Für die deutschsprachige Ausgabe
Copyright © 2005 by Hoffmann und Campe Verlag, Hamburg
www.hoffmann-und-campe.de
Einbandgestaltung: Katja Maasböl
Lektorat und Redaktion: Andreas Kobschätzky, Landsberg
Satz: Dörlemann Satz, Lemförde
Druck und Bindung: GGP Media GmbH, Pößneck
Printed in Germany
ISBN 3-455-09496-1

**HOFFMANN
UND CAMPE**

Ein Unternehmen der
GANSKE VERLAGSGRUPPE

Für alle,
die ein selbstbestimmtes Leben führen
und ihre Vorstellung vom
eigenen Ich voll entfalten wollen.

INHALT

Vorwort 9

Einleitung 13

1 Zu spät zu einem sehr wichtigen Termin 19

2 Veränderungen in Sicht 27

3 Das erste P 33

4 Der erste Test 42

5 Selbsttäuschung 47

6 Das zweite P 59

7 Maximen angemessenen Handelns . . . 62

8 Tief in Gedanken 91

9 Was sind schon Buchstaben! 99

10 Noch eine schlaflose Nacht 104

11 Keine weiteren Fragen! 111

12 Zeit- und Zielbewusstsein 116

13 Die perfekte Lösung 126

Epilog: Persönliche Anmerkung der Autoren 129

Auch Sie können etwas bewirken 135

Danksagung 136

Über die Autoren 139

VORWORT

Wie jede Sportmannschaft kennt auch jede Organisation, gleich welcher Art, erfolgreiche und weniger erfolgreiche Zeiten.

Und wie in jeder Sportmannschaft kann es auch in jedem Unternehmen zu Rückschlägen und Verletzungen kommen. Die verheerendste Ursache hierfür ist häufig, dass anstehende Aufgaben und Entscheidungen auf die lange Bank geschoben werden. Ein Teammitglied, das ständig im Rückstand ist, richtet unter Umständen großes Unheil an, das ganz unterschiedliche Formen annehmen kann – zusätzlicher Stress für alle Beteiligten, finanzielle Einbußen oder gar der Ruin des Unternehmens. Zum Glück gibt es eine Lösung – und Sie halten sie in Ihren Händen!

Den Autoren Ken Blanchard und Steve Gottry ist ein Bravourstück gelungen: Ihr Buch *Der On-Time, On-Target Manager* beinhaltet nicht nur einen verlässlichen Plan, um den ewig Säumigen, den notorischen Aufschiebetaktikern, auf die Sprünge zu helfen, sondern bietet auch einen Leitfaden für die tagtägliche Entscheidungsfindung auf der Grundlage höchster moralischer und ethischer Ansprüche.

Es ist nur natürlich, dass der Sportfan jedes Jahr auf eine siegreiche Saison seiner Favoritenmannschaft hofft. Gleichermaßen erwarten Aktionäre, Mitarbeiter und Kunden, dass ihr Unternehmen oder ihre gemeinnützige Organisation floriert und mit jedem Jahr weiteres Wachstum erfährt.

Doch ist die eine wie die andere Erwartung unrealistisch – selbst mit einer erstklassigen Führungsmannschaft an der Spitze. Ein exzellenter Topmanager beispielsweise eines Baseballclubs ist noch lange keine Garantie für eine Siegesserie oder einen Platz in den Play-offs. Zu viele andere Faktoren kommen mit ins Spiel, unter anderem die Stärke der Rivalen, der Spielplan und die Verletzung von Spielern.

Vor allem die Stärke der Konkurrenz ist in jeder Sportart ein wichtiger Faktor. Eine Baseballmannschaft mit Schlagmännern wie Babe Ruth, Lou Gehrig, Willie Mays, Henry (Hank) Aaron, Stan Musial, Reggie Jackson, Mark McGuire, Sammy Sosa oder Barry Bonds hat vermutlich gute Siegeschancen. Eine Mannschaft mit Werferassen wie Cy Young, Nolan Ryan, Don Sutton, Bert Blyleven, Roger Clemens, Randy Johnson oder Curt Schilling ist ein sicherer Erfolgskandidat. Solche Teams haben einen Vorsprung vor ihren Rivalen. Gegen solche Gegner hat es eine Heimmannschaft sowieso schon nicht leicht. Kommt dann noch ein ungünstiger Spielplan in einer starken Division hinzu, wird die Herausforderung umso größer. Sind jetzt zu allem Überfluss auch noch wichtige Spielmacher verletzt, dürften viele Fans über den voraussichtlichen Ausgang der Saison nicht gerade glücklich sein.

Sicherlich haben Sie schon die Parallelen zur Welt des Business, des Bildungswesens und der gemeinnützigen Organisationen bemerkt.

Die Konkurrenz wird immer auf dem Quivive sein. Ihre »Werfer« – Ihre Verkäufer – werden sich gegen einige der Besten der Branche behaupten müssen. Irgendein gewichtiger Schlagmann da draußen wird nichts anderes im Sinn haben, als das Design Ihrer Produkte zu übertreffen, Ihre Preise zu unterbieten oder einen besseren Kundenservice anzubieten. Wenn Sie jedoch die Zeit/Ziel-Prinzipien von Blanchard und Gottry in die Praxis umsetzen, haben Sie und Ihr Team beste Voraussetzungen, um als Sieger aus dem Wettbewerb hervorzugehen. Wer immer Sie sind, was immer Sie tun, Sie werden aus diesem leicht lesbaren Buch überzeugende Einsichten gewinnen.

Jerry Colangelo, Chairman und CEO,
Arizona Diamondback and Phoenix Suns

EINLEITUNG

Dieses Buch mag Sie persönlich vielleicht gar nicht betreffen. Aber die Wahrscheinlichkeit ist groß, dass es jemanden betrifft, den Sie kennen. Einen Mitarbeiter. Einen direkten Untergebenen. Ihren Chef. Vielleicht sogar Ihren Ehepartner oder eines Ihrer Kinder.

Dieses Buch handelt von einem verteufelt tückischen Karrierekiller, der eigentlich noch viel schlimmer ist als nur ein Karrierekiller: Er zerstört Organisationen, Ehen, Familien, Beziehungen, Vermögen … manchmal sogar ganze Lebensentwürfe.

Gemeint ist das ständige »Vorsichherschieben« anstehender Aufgaben und Entscheidungen, die Angewohnheit, alles auf den letzten Drücker zu erledigen. Aber, wie gesagt, das mag Sie persönlich ja nicht betreffen.

Doch wir anderen haben uns schon das eine oder andere Mal mit diesem heimtückischen Feind herumgeplagt. Als Schüler oder Studenten haben wir nicht selten bis zur letzten Minute gewartet, bevor wir uns an ein wichtiges Referat setzten oder für ein Abschlussexamen büffelten. Dann haben wir wie wild die ganze Nacht durchgearbeitet – und waren am nächsten Tag völlig zerschlagen und kaum für irgendetwas tauglich.

Im Beruf verpassen wir manchmal wichtige Termine infolge unserer Aufschiebepraktiken. Oder wir erledigen zunächst all die unbedeutenden Aufgaben, bevor wir uns auf die wirklich wichtigen einlassen.

Zu Hause sind wir häufig zu beschäftigt oder zu müde, um unseren Kindern eine Geschichte vorzulesen. »Es wird keinem etwas schaden, wenn ich einen günstigeren Zeitpunkt abpasse«, beruhigen wir uns selbst. Und wenn dann die »Kinder« zur Universität gehen, wundern wir uns, dass es eigentlich nie zu einem »günstigeren Zeitpunkt« gekommen ist.

Wir finden jede Menge Begründungen, Rechtfertigungen und Erklärungen, mit dem Ergebnis, dass unsere Arbeit, unser Ehepartner, unsere Kinder, unsere Gesundheit leiden. Nur weil wir »aufschieben« oder das am wenigsten Wichtige zuerst und das Wichtigste – wenn überhaupt – zuletzt erledigen. Auch wenn Sie sich persönlich nicht angesprochen fühlen, sollten Sie sich bewusst machen, dass die Aufschiebementalität wesentlich verbreiteter ist, als allgemein angenommen. Es ist auch kein Zustand, der aus heiterem Himmel kommt. Er hat tief reichende Wurzeln, denen es nachzuspüren gilt.

Menschen schieben häufig Dinge auf die lange Bank, weil sie kein klares Bild von dem haben, was wichtig ist. Und um dieses zu erkennen, müssen sie wissen, wo sie vorher waren, wo sie derzeit stehen und wo sie hingelangen wollen.

Sie verschleppen Dinge, weil sie nicht verstehen, dass ein Hinauszögern möglicherweise zu fragwürdigen Entscheidungen und fragwürdigen Leistungen führt – und sie so um ein gutes Ergebnis bringen kann.

Sie schieben auf, weil es ihnen, auch wenn sie grundsätzlich an der Erledigung bestimmter Dinge interessiert sind, an Engagement gegenüber übergeordneten Zielen, höheren Idealen, wichtigeren Aufgaben und anderen Menschen fehlt. Es besteht ein gewaltiger Unterschied zwischen Interesse und Engagement. Nehmen Sie zum Beispiel die persönliche Fitness. Ein interessierter Mensch findet alle möglichen Ausreden, warum ausgerechnet »heute« nicht der richtige Tag ist, sich sportlich zu betätigen. »Ich bin müde, es regnet, im Augenblick habe ich so viele andere Sachen am Hals; einen Tag (oder eine Woche oder einen Monat) auszusetzen wird wohl nicht schaden.« Ein engagierter Mensch hingegen kennt keine Ausreden: Ihm geht es um das Resultat. »Dies ist etwas, was ich ausschließlich für mich selbst tue. Wenn es zu heiß oder regnerisch ist, mache ich eben einen Power-Walk durch ein Shopping-Center.«

Das ständige Vorsichherschieben hat drei grundlegende Konsequenzen:

- Verspätung
- schlechte Arbeitsqualität und
- Stress infolge des Aufschiebeverhaltens.

Und das ist, auf einen Nenner gebracht, das ganze Problem.

Die Lösung finden Sie auf den Seiten dieses Buches – in der Geschichte von »Bob, dem Manager«, der die 3-P-Strategie entdeckte und mit dem Sieg über seine Hinausschiebegewohnheit ein zeit- und zielbewusster Mensch in allen Lebensbereichen wurde.

Das erste P half Bob, sein notorisches »Zu-spät-dran-Sein« zu überwinden. Das zweite P verhalf ihm zu verbesserter Arbeitsqualität. Das dritte P half ihm, die Stressbelastung für sich selbst und seine Mitarbeiter zu vermindern.

Es kann sein, dass Sie in diesem Augenblick an die eine oder andere Person denken, die von unserer Botschaft profitieren könnte. Aber die Frage ist, wie man jemandem dieses Buch in die Hand drücken kann, ohne ihm zu nahe zu treten.

Unsere Antwort ist sehr einfach. Sie erklären dem Betreffenden, dass auch dann, wenn er nicht zu denen gehören mag, die alles bis zuletzt hinauszögern, dieses Buch eine Strategie anbietet, die ihm in jedem Lebensbereich zu mehr Effektivität verhelfen wird. Sagen Sie ihm: »Die 3-P-Strategie hat sogar bei den beiden Herren geklappt, die dieses Buch verfasst haben.« Ja, wir, die wir von Natur aus notorische Hinausschiebtaktiker sind, haben diese simplen Techniken auf unseren eigenen Lebensalltag übertragen – und sie haben sich bewährt.

An dieser Feststellung gibt es offensichtlich nichts zu deuteln. Schließlich haben wir das vorliegende Buch zu Ende geschrieben und das Manuskript unserem Verleger sogar rechtzeitig abgeliefert!

Tun Sie (wenn Sie an »Aufschieberitis« leiden) sich und den Menschen, die Ihnen besonders am Herzen liegen, einen Gefallen – lassen Sie sich auf *Der On-Time, On-Target Manager* und seine Botschaft ein.

Ken Blanchard und Steve Gottry

I

ZU SPÄT ZU EINEM SEHR
WICHTIGEN TERMIN

Bob, der Manager, wachte eines Montagmorgens
früher als gewöhnlich auf. Er stellte seinen Wecker
sonst immer auf 6 Uhr, so dass ihm genügend Zeit
blieb, um seine halbstündige Runde um den kleinen
See zu drehen, der nicht weit von seinem Haus entfernt lag. Heute jedoch klingelte sein Wecker schon
um 5.30 Uhr. Der Grund: Er war um 7.30 Uhr mit
seinem Chef Dave zum Frühstück verabredet.

Bob war etwas mulmig zumute, wenn er an das
Gespräch dachte. Er war sich nicht sicher, ob sein
lang gehegter Traum der Beförderung vom Teamleiter zum Gruppenleiter in Erfüllung gehen oder ob
das Gespräch einen gegenteiligen Verlauf nehmen
und sich zu einer unerfreulichen Diskussion über ein
paar kleinere »Leistungsprobleme« in letzter Zeit
entwickeln würde.

Auf jeden Fall würde er, da er sich jetzt eine halbe
Stunde früher als sonst aus dem Bett rollte, genügend Zeit haben, seine morgendliche Jogging-Stre-
cke um den See zu absolvieren und pünktlich zu seiner Verabredung mit Dave zu gelangen.

Flotten Schrittes brachte Bob sein tägliches Fitness-Programm hinter sich. Anschließend ging er kurz unter die Dusche, sprühte sich seinen Lieblingsduft auf, zog sich an und band die seriöseste Krawatte, die er besaß, zu einem perfekten Knoten. Seit Jahren hatte er – teilweise bedingt durch die Lockerung der Kleiderordnung im Geschäftsleben – keinen Schlips mehr getragen, weswegen er mit diesem verflixten Knoten ein bisschen zu kämpfen hatte.

Dann streifte er seine sehr teure Schweizer Präzisionsuhr über und schaute auf die Zeit. *Ups!* Er war ein bisschen spät dran. Sich »richtig« zu kleiden, hatte doch mehr Zeit gekostet als erwartet.

Nur keine Panik, dachte Bob, der Manager. *Ich fahre einfach etwas schneller und mache die verlorene Zeit wieder wett*, beruhigte er sich. Eilig stopfte er seinen PDA – seinen Palmtop Computer – und seinen schnittigen Laptop in die Computertasche und stieg ins Auto.

Unterwegs schaute er erneut auf seine Uhr. Er verglich die Zeit mit der Uhr im Auto. *Noch immer ganz schön Verspätung. Besser, ich rufe Dave an.*

Beim Halt an der nächsten roten Ampel wühlte er in seiner Computertasche, fand den PDA, suchte die Nummer seines Chefs und rief ihn an.

»Dave am Apparat«, sagte die Stimme am anderen Ende.

»Dave, hier ist Bob. Ich bin etwas spät dran. Sitzen Sie schon im Restaurant?«

»Ja«, erwiderte die Stimme. »Und bis jetzt haben Sie fünfzehn Minuten Verspätung.«

»Ich weiß. Es ist so viel Verkehr«, sagte Bob, obwohl er wusste, dass der Verkehr an diesem Tag nicht schlimmer war als sonst auch. Er hätte dies entsprechend einkalkulieren können, wenn er sich vorher alles richtig überlegt hätte. »Ich bin so schnell wie möglich bei Ihnen.«

»Na gut«, sagte Dave. »Auf mich wartet aber noch eine Menge anderer Dinge.«

Endlich angekommen, lenkte Bob seinen Wagen in eine Parklücke und stürmte im Laufschritt zur Tür. Völlig außer Atem betrat er das Restaurant und ließ seine Augen auf der Suche nach Dave über die Tische wandern.

»Wurde aber auch Zeit«, sagte Dave, als Bob an den Tisch trat.

»Entschuldigung, Dave. Es ist mir sehr unangenehm, Sie warten zu lassen«, keuchte Bob, immer noch nach Luft schnappend. Er setzte sich und blickte Dave einigermaßen verunsichert an.

Dave machte eine unbehaglich lange Pause, bevor er schließlich sagte. »Bob, wie lange sind Sie schon bei *Algalon Micro*?«

»Sechs … nein, ich glaube, sieben Jahre.«

»Sieben, das stimmt«, pflichtete ihm Dave bei. »Was mir Kummer macht, ist, dass Sie in all diesen Jahren offenbar immer noch nicht begriffen haben, worauf es bei uns wirklich ankommt.«

Bob begann, nervös zu werden. »Entschuldigung, aber was genau habe ich nicht begriffen?«

»Wir agieren in einem schnelllebigen Geschäft, Bob. Der technologische Fortschritt ist keine Sache von Jahren, Monaten oder gar Wochen. Wir befinden uns gewissermaßen auf einer Schnellstraße. Meiner Ansicht nach ändern sich die Dinge täglich. Wie es so schön heißt: ›Alles fließt.‹ Und es fließt mit blitzartiger Geschwindigkeit, würde ich sagen.«

»Das weiß ich«, versicherte Bob seinem Chef.

»Wenn wir im Wettbewerb bestehen wollen«, fuhr Dave fort, »müssen wir stets auf dem Laufenden sein, was sich bei der Konkurrenz tut, und wir müssen ihr immer einen Schritt voraus sein.«

»Auch das weiß ich, Dave.«

»Wenn dem wirklich so ist, Bob, warum landet dann ein Großteil Ihrer Prognosen so spät auf meinem Schreibtisch? Warum wird jedes Budget erst im allerletzten Augenblick abgeliefert? Warum ist die Just-in-Time-Lagerhaltung für Ihr Team so problematisch? Als Teamleiter tragen Sie die Verantwortung dafür, dass wesentliche Dinge rechtzeitig geschehen.«

»Ja, das weiß ich, Dave. Ich versichere Ihnen, dass ich mein Möglichstes tue.«

»Bob, letzten Monat sind Sie mit der Lieferung von Hauptplatinen an einen unserer größten Kunden zwei Tage in Verzug geraten, weil Sie einen kleinen Kondensator nicht rechtzeitig geordert hatten. Mit der Folge, dass unser Kunde einen ganzen Produktionstag verlor.«

»Ich erinnere mich genau, wie das war«, protestierte Bob, der Manager. »Ich steckte damals bis zum Hals in Papierkram. Manchmal hat der Tag einfach nicht genug Stunden.«

Dave ließ Bobs Entschuldigung nicht gelten. »Wir haben gerade erfahren, dass wir diesen Kunden an *Dyad Technologies* verloren haben. Das Unternehmen soll laut eigener Angabe die Platinen rechtzeitig liefern können, was andere Kunden offenbar bereit sind zu bestätigen.«

Bob, der Manager, lief rot an. »Ich kann nicht glauben, dass wir diesen Kunden verloren haben. Ich dachte immer, unsere Beziehung könnte nichts erschüttern. Es war doch nur ein einziger kleiner Patzer.«

»So ist es eben im Geschäftsleben heutzutage. Nach Aussage der Leute vom Verkauf wird Ihr kleiner Patzer unser Unternehmen fast 200000 Dollar im Jahr kosten.«

»Ich wusste wirklich nicht …«

»Nun, jetzt wissen Sie es.«

»In all den Jahren ist das, glaube ich, das erste Mal, dass ich einen Termin habe platzen lassen, Dave. Und es ist mit Sicherheit das erste Mal, dass uns durch meine Schuld ein Geschäft durch die Lappen gegangen ist.«

»Es geht nicht nur um das verlorene Geschäft. Es geht grundsätzlich um Ihre Zeiteinteilung – Sie arbeiten immer auf den letzten Drücker. Und das wirkt sich nicht nur auf die Qualität Ihrer Arbeit aus, sondern hat auch Verzögerungen in anderen Abteilungen zur Folge. Sie scheinen alles immer nur mit Hängen und Würgen zu schaffen und das zeigt sich auch in Ihrer Arbeit. Wenn die Zeit knapp wird, machen Sie sich Hals über Kopf an die Erledigung Ihrer Aufgaben und dabei unterlaufen Ihnen Fehler. Einige davon waren kostspielig, ob Sie dies wissen oder nicht. Wir können eine derartige Nachlässigkeit in unserem Unternehmen einfach nicht tolerieren. Ihre Arbeitsweise verursacht Stress bei Ihren Mitarbeitern und ich bin fast sicher – Sie stehen auch unter Stress.«

»Sie haben Recht. Ich *bin* gestresst. Aber ich habe mich nie als nachlässigen Mitarbeiter gesehen«, wandte Bob zu seiner Verteidigung ein.

»In mancher Hinsicht scheinen Sie es auch nicht zu sein. Immer wenn ich in Ihr Büro komme, sieht Ihr Schreibtisch sauber und penibel aufgeräumt aus. Man hat fast den Eindruck, als seien Sie mehr daran interessiert, einen Preis für Ordnungsliebe zu gewinnen, als sich auf die paar wichtigen Aspekte Ihres Jobs zu konzentrieren.«

»Das stimmt aber nicht, Dave«, protestierte Bob.

»So wie ich die Dinge einschätze, Bob, ist Ihnen einfach nicht klar, was wichtig ist und was nicht. Das ist weder für mich akzeptabel noch für *Algalon* oder seine Kunden.«

»Was genau wollen Sie damit sagen?« wagte Bob, der Manager, höchst zögerlich zu fragen.

»Bob, Sie haben hervorragende menschliche Qualitäten. Sie sind einer der sympathischsten und großherzigsten Menschen in unserem Unternehmen«, antwortete Dave. »In der Tat sind Sie für uns alle ein Vorbild, was Ihre Hilfsbereitschaft gegenüber anderen oder Ihr Engagement für die Gemeinschaft angeht. So wichtig auch eine solche Übereinstimmung mit unseren Werten ist – Ergebnisse zählen genauso viel. Wir sind ein Unternehmen und als solches müssen wir es betreiben. All die Probleme, die Sie in letzter Zeit hatten, sind in Ihrer Personalakte nachzulesen. Alles ist sorgfältig dokumentiert. Die Situation ist so ernst, Bob, dass wir Ihre Weiterbeschäftigung von einer Bewährungszeit abhängig machen müssen.«

Bob war völlig fassungslos. Er war mit der Hoffnung in das Gespräch gegangen, vielleicht sogar befördert zu werden. Nun hatte man ihm eine Bewährungsfrist auferlegt! Wie konnte er sich nur so irren?

Dave fuhr fort: »Mein Freund, es gibt zwei Erwartungen, die ich an jeden wichtigen Mitarbeiter stelle: *Charakter* und *Leistung*. Sie sind ein Mensch mit hervorragenden Charaktereigenschaften. Es ist die Leistung, an der es bei Ihnen hapert. Wenn Sie keinen Charakter hätten, säßen Sie schon längst vor der Tür. Ich bin der Meinung, dass sich charakterliche Defizite nur schwer korrigieren lassen, wohingegen Leistungsprobleme durchaus überwunden werden können.«

Bob stieß insgeheim einen Seufzer der Erleichterung aus und sagte: »Ich bin bereit, daran zu arbeiten.«

Daves teilnehmender Blick verriet seine wahre Einstellung zu Bob. »Ich möchte, dass Sie Erfolg haben, mein Freund. In Ihnen steckt so viel Positives. Ich würde Sie nur ungern gehen lassen.«

»Dave, *Algalon* bedeutet mir alles. Ich arbeite wirklich gern hier. Was muss ich tun, um mich Ihnen zu beweisen?«

»Ich habe einen neuen Plan, der Ihnen vielleicht helfen könnte. Wenn Sie ins Büro kommen, möchte ich, dass Sie die Personalchefin aufsuchen. Sie wird Ihnen die Details erklären.«

»Mach ich«, versicherte Bob seinem Arbeitgeber.

Dave verabschiedete sich mit einer ernsten Bemerkung: »Ich hoffe, Sie können sich ändern, Bob … andernfalls müssen Sie sich anderweitig umsehen. In dem wirtschaftlichen Umfeld von heute kann sich ein Unternehmen einfach keinen Last-Minute-Manager in seinen Reihen leisten.«

2

VERÄNDERUNGEN IN SICHT

Bob, der konsternierte Manager, bestieg sein Auto und fuhr ins Büro. Langsam ging er die scheinbar endlosen Flure entlang, die zur Personalabteilung führten. Die ganze Zeit schwirrten ihm Daves letzte Worte durch den Kopf: »… kann sich ein Unternehmen einfach keinen Last-Minute-Manager in seinen Reihen leisten.«

Ich bin ein kompetenter Manager, dachte Bob. *Ich kenne dieses Geschäft in- und auswendig. Man braucht mich hier.*

Bob betrat die Personalbteilung und musste noch etwas warten, bis die Personalchefin ein Telefongespräch beendet hatte. Dann wurde er in ihr Büro geleitet; hinter ihm schloss sich die Tür.

»Tut mir leid zu hören, dass es im Augenblick nicht so gut bei Ihnen läuft, Bob«, begann sie. »Sie sind schon lange bei uns. Wir alle mögen Sie und würden Sie nur ungern ziehen lassen.«

»Ich dachte, ich würde für immer hier bleiben«, gestand Bob freimütig.

Die Direktorin gab sich alle Mühe, ihm Mut zu machen. »Dave liegen Leute wie Sie am Herzen, und da er möchte, dass Menschen mit guten Charaktereigenschaften auch gute Leistungsträger sind, hat er eine Person für eine brandneue Position angeheuert, die Ihnen helfen könnte, ein zeit- und zielbewusster Manager – ein kompetenter Zeit/Ziel-Manager – zu werden. Wir sind der festen Überzeugung, dass man Leistung verbessern kann. Und um dieses Ziel zu erreichen, müssen Sie den ›Prozess‹ durchlaufen.«

Kein Zweifel. Bob war die viel sagende Betonung des Wortes »Prozess« nicht entgangen. »Was ist dieser so genannte ›Prozess‹, wenn ich fragen darf?«

»Nun, Sie werden mehrere CEO-Meetings haben und sich einem bestimmten Prozess unterziehen müssen, der …«

»CEO?«, unterbrach Bob sie. »Ich soll mich mit Dave treffen? Er hat mich doch gerade zu Ihnen geschickt.«

Die Personaldirektorin lächelte. »Ich spreche nicht von *dem* CEO.«

»Gibt es denn noch einen anderen?«, fragte Bob verwundert.

»Ja, neuerdings. Einen Chief Effectiveness Officer.«

Bob kam das alles sehr mysteriös vor. »Chief Effectiveness Officer? Nie davon gehört.« *Macht sich bei Algalon so eine Art Sektierertum breit?*, fragte er sich im Stillen.

Die Personaldirektorin fuhr fort: »Warum Sie nie

28

von dieser Position gehört haben, liegt vermutlich daran, dass sie erst vor ein paar Wochen geschaffen worden ist. Und übrigens, unser Chief Effective Officer ist eine Frau.«

»Was tut diese neue Spezies von CEO denn überhaupt?«, wollte Bob wissen.

»Die Aufgabe dieser neuen Effektivitätstrainerin besteht darin, guten Leuten wie Ihnen zu einer Verbesserung ihrer Leistung zu verhelfen, und zwar im Sinne der 3 Ps. Verstehen Sie, was die 3 Ps besagen? Wenden Sie diese Maßstäbe in Ihrem täglichen Leben an – zu Hause und im Job? Sind Sie bereit, an Ihren Leistungsproblemen zu arbeiten oder wollen Sie ein Last-Minute-Manager bleiben?«

Gespenstisch, dachte Bob. *Dave gebrauchte denselben Ausdruck: »Last-Minute-Manager.«*

Die Personalchefin fuhr fort: »Für uns besteht kein Zweifel: Der Erfolg von *Algalon* hängt davon ab, dass jedes Mitglied unseres Teams wie ein Eigentümer denkt und handelt. Wenn jeder ständig auf die Hierarchie über sich starrt und von dort Entscheidungen erwartet, geht dies zu Lasten unserer Kunden. Folglich wird Ihre Fähigkeit, wichtige Entscheidungen selbstständig, im richtigen Moment und rechtzeitig zu treffen, für den stetigen Erfolg unseres Unternehmens unerlässlich sein. Die 3-P-Strategie soll Sie in die Lage versetzen, dieses Ziel zu erreichen.«

»Was sind die 3 Ps?«, fragte Bob.

»Das werden Sie erfahren, wenn Sie unsere Effektivitätstrainerin treffen«, antwortete die Personalchefin. »Sind Sie morgen jederzeit verfügbar?«

»Ja. Aber am frühen Vormittag würde es mir am
besten passen.«

Die Personalchefin wählte die Nummer der Effektivitätstrainerin und vereinbarte für Bob einen
Termin um 8 Uhr. »Ich glaube, Bob wird von dem
›Prozess‹ profitieren«, fügte die Personalchefin hinzu. »Er hat das Herz auf dem rechten Fleck – nur
seine Leistungsbilanz lässt zu wünschen übrig. Wir
hoffen, Sie können ihm dazu verhelfen, ein kompetenter Zeit/Ziel-Manager zu werden. Dazu werden
Sie ihn vermutlich einem Check-up unterziehen
müssen.«

Bob fragte sich, was die Personalchefin mit dieser
letzten Bemerkung gemeint hatte. Als das Telefonat
beendet war, sagte er: »Muss ich morgen eine ärzt-
liche Untersuchung über mich ergehen lassen?«

Die Personalchefin lachte. »Nein, keineswegs.
Es geht ausschließlich um Ihre innere Einstellung.
Wissen Sie, wir haben die Erfahrung gemacht, dass
die Einstellung das Verhalten bestimmt, und wenn
Sie nicht die gewünschten Ergebnisse erreichen, ist
dies wahrscheinlich auf eine miserable Einstellung
zurückzuführen. Unsere CEO wird Ihnen helfen,
Ihre Einstellung auf eventuelle Schwachstellen hin
zu überprüfen, damit Sie ein zeit- und zielbewusster
Mensch werden können. Wenn ihr das gelingt, ste-

hen die Chancen gut, dass diese Sache mit der Bewährung in Ihrer Akte gelöscht wird.«

Bob dachte einen Augenblick über ihre Äußerungen nach und fragte dann: »Muss ich mich irgendwie auf das Gespräch vorbereiten? Muss ich irgendetwas mitbringen?«

»Nein«, antwortete die Personalchefin. »Sie sollten einfach nur pünktlich sein.«

Als Bob nach Hause kam und seine Frau begrüßte, spürte sie sofort, dass etwas nicht stimmte.

»Man hat mir eine Bewährungsfrist auferlegt«, gestand Bob.

»Du wirst doch wohl nicht deinen Job verlieren, oder?«, fragte sie nervös.

»Ich glaube nicht … wenn ich es schaffe, ein – so nennt man es dort – Zeit/Ziel-Manager zu werden.«

»Wie soll das denn vor sich gehen?«, fragte Bobs Frau.

»Soweit ich verstanden habe, sind mehrere Gespräche auf CEO-Ebene vorgesehen.«

»Du wirst mit Dave Pederson zusammenarbeiten?«

Bob grinste. »Genau das habe ich auch gedacht. Aber der CEO, den ich treffen werde, ist eine Frau und die nennt sich Chief Effectiveness Officer.«

»Chief was?«

»Chief Effectiveness Officer. Ich weiß, ich weiß. Ich habe auch noch nie davon gehört. Und ich habe nur eine vage Vorstellung von dem, was sie tut. Es hat etwas mit der Überprüfung meiner Denkweise – meiner Einstellung – zu tun.«

Bobs Frau war erleichtert. »Dann wird es ein Kinderspiel für dich. Deshalb habe ich dich schließlich geheiratet. Ich mag deine positive Denkweise. Du bist ein unschlagbarer Optimist.«

»Hoffentlich gelingt mir das auch dieses Mal«, sagte Bob mit einem Lächeln. »Aber das Ganze ist etwas mysteriös. Sie wird mir alles über die 3 Ps erzählen und ich habe nicht die geringste Ahnung, was das bedeutet.«

»Du wirst es sicher noch früh genug erfahren.«

3

DAS ERSTE P

Als sich Bob am nächsten Morgen – früh genug – auf den Weg zum Büro machte, stellte er fest, dass sich die Tankanzeige bedenklich dem roten Bereich näherte. *Ich weiß nicht, ob der Sprit reicht*, dachte er.

Er fuhr zur nächstgelegenen Tankstelle – die allerdings auch die längste Warteschlange zu haben schien, die ihm seit langem begegnet war. Ungeduldig trommelte er auf das Lenkrad, während er darauf wartete, dass ein älteres Ehepaar endlich seine Tankrechnung bezahlte und von dannen fuhr.

Genau 4 Minuten nach 8 Uhr lenkte Bob, der stets unpünktliche Manager, seinen Wagen auf den für ihn reservierten Parkplatz, stürmte in das Gebäude und steuerte geradewegs auf das CEO-Büro zu. Er wurde von einer selbstbewussten Dame begrüßt, die Ende zwanzig oder Mitte dreißig sein mochte.

»Nett, Sie kennen zu lernen, Bob.«

»Ganz meinerseits«, erwiderte er herzlich.

Die Effektivitätstrainerin verlor keine Zeit, sondern kam direkt zur Sache. »Sie werden sich sicherlich fragen, was ein Chief Effectiveness Officer ist.«

»Sie haben mir das Wort aus dem Mund genommen«, räumte Bob ein.

»Es handelt sich um eine Position, die Dave und ich geschaffen haben. Ihn beschäftigte die Frage, welche Hilfestellung er seinen Leuten geben könnte, damit sie sich zu guten Leistungsträgern entwickeln. Grundsätzlich stand für ihn fest, dass er, vor die Wahl gestellt, zwischen Charakter und Kompetenz zu entscheiden, immer dem Charakter den Vorzug geben würde. Einem Menschen Werte beizubringen hielt er für schwierig; Fähigkeiten ließen sich leichter vermitteln. Mich interessierte dieses Thema ebenfalls, aber ich hatte festgestellt, dass Menschen mit guten Charaktereigenschaften manchmal gewisse Ladehemmungen im Kopf haben – wenn Sie diesen Ausdruck verzeihen wollen. Solche Leute mögen ein Herz aus Gold und noch so gute Absichten haben, aber ihre Leistung spiegelt das nicht wider. Ursache könnte sein, dass andere Leute, mit denen sie jahrelang zusammengearbeitet haben, ihren Köpfen eine falsche Denke über den Dienst am Kunden und die Zusammenarbeit mit anderen Menschen eingepflanzt haben. Dieses falsche Denken hindert sie daran, einen signifikanten Beitrag zum Erfolg des Unternehmens zu leisten. Ihr guter Charakter wird im Kopf blockiert und findet keine Entsprechung in ihrer Leistung.«

Dann fuhr sie fort: »Meine Aufgabe als CEO sehe ich darin, unseren guten Leuten die Augen für das wirklich Wichtige – nicht nur im Beruf, sondern im Leben überhaupt – zu öffnen, damit sie sich selbst und anderen dazu verhelfen können, auf der Gewinnerseite zu stehen – und die notwendigen Ziele zu erreichen.«

Bob war sich nicht sicher, ob er die Frage stellen sollte, die er im Sinn hatte, aber er entschied, dass er sie stellen musste. »Wollen Sie damit sagen, dass wir hier jetzt irgendeine Art von Religion praktizieren ... und dass ich zu konvertieren habe?«

Die Effektivitätstrainerin lächelte warmherzig. »Nein, das Ganze erfordert schlicht und einfach nur *Selbstreflexion*. Wir möchten, dass Sie intensiv darüber nachdenken, wer Sie sind, warum Sie hier sein möchten, wie Sie sich stärker einbringen können und wie Sie Ihr eigenes Leben, den Unternehmenserfolg und die Zufriedenheit unserer Kunden bereichern können. Es wird sich immer klarer herausstellen, dass diejenigen unsere besten Leute sind, die wissen, wer sie sind. Denn solche Leute nehmen sich die Zeit, ihre Gedanken, Gefühle, Träume und Ziele zu erforschen. Letztlich werden sie zu der Erkenntnis kommen, dass sie ihre eigenen Ziele – wie auch die unseres Unternehmens – am ehesten erreichen können, wenn sie sich zu zeit- und zielbewussten Menschen entwickeln, die alles aus den Sekunden, Minuten und Stunden, aus denen ihr Tag besteht, herausholen.«

Das sind eigentlich Dinge, über die ich mir bisher so gut wie nie Gedanken gemacht habe, dachte Bob verwundert. Gespannt hörte er weiter zu.

Die Effektivitätstrainerin fuhr fort: »Hier geht es um hohe Prinzipien, selbstloses Handeln und lebensverändernde Einstellungen. Genau das wird unsere Leute und unser Unternehmen noch effektiver machen. Ich sage Ihnen: Wir sind überzeugt, dass die besten Unternehmen erstens – und darin sehen sie ihre vornehmliche Aufgabe – ihre Mitarbeiter dabei unterstützen, mehr zu erreichen, als sie je angestrebt hatten. Jeder, der unser Unternehmen verlässt und zu einem anderen wechselt, sollte seinem neuen Arbeitgeber mehr zu bieten haben, als er ursprünglich beim Eintritt in unser Unternehmen mitbrachte.«

Bob war fasziniert von diesem erfrischenden – und in der Unternehmenskultur gänzlich neuen – Gedanken. *Dave hat wahrscheinlich eine wirklich gute Entscheidung mit dieser CEO getroffen.*

»Zweitens, die besten Unternehmen verstehen unter Kundenservice, dass sie ihren Kunden exakt das liefern, was sie versprechen – und mehr als das. Pünktlich, zum vereinbarten Preis. Kunden möchten das Gewünschte erhalten, zum gewünschten Zeitpunkt und am gewünschten Ort, in hoher Qualität und zu einem fairen Preis. Dies sind die Prinzipien, auf denen wir Loyalität aufbauen, selbst unter wirtschaftlich schwierigen Bedingungen.«

Sie fuhr fort: »Drittens, die besten Unternehmen setzen alles daran, das Überleben ihrer Lieferanten zu sichern. Bei einem Zulieferbetrieb, der nicht profitabel arbeitet, stellt sich die Frage, ob er in Zukunft überhaupt noch in der Lage sein wird, uns bei der Erreichung unserer Ziele zu unterstützen. Natürlich wollen wir die besten Preise für unser Rohmaterial. Aber wir wollen unsere Lieferanten nicht ruinieren. Wir möchten, dass sie einen fairen Gewinn machen. Und wir sind bemüht, sie zu ihren Bedingungen zu bezahlen und nicht zu den Bedingungen, die für uns höchstwahrscheinlich profitabler wären.«

»Der Grund, warum man mir eine Bewährungsfrist zugesteht, anstatt mich zu feuern, besteht also darin, dass man feststellen will, ob ich diese positive Philosophie verstehen und akzeptieren kann?«, fragte Bob.

»Genau so ist es, Bob. Unser Unternehmen hat im Lauf der Jahre eine Menge in Sie investiert. Sie sind also wertvoll für uns. Sicher ist Ihnen klar, dass es uns nicht einfach nur um die Erreichung kurzfristiger Ziele geht. Unser Geschäft ist auf lange Sicht angelegt. Wir möchten, dass unser Unternehmen überlebt und gedeiht, weil das für alle das Beste ist. Wir können unsere Zukunft nur sichern, wenn wir die Wünsche unserer Kunden erfüllen, wenn wir die Unterstützung unserer Lieferanten gewinnen, wenn wir uns gegenseitig mit Respekt, Fairness und Aufrichtigkeit begegnen und wenn wir intern ein Team von zeitbewussten Leistungsträgern aufbauen. Wir wollen keinen Last-Minute-Manager in unserem Unternehmen haben. Wenn wir dieses Ziel erreichen, wird es auch keinen Last-Minute-Mitarbeiter mehr in unseren Reihen geben.«

Es muss eine Art von Komplott sein, dachte Bob im Stillen, als er sich ein weiteres Mal mit dem Begriff »Last-Minute-Manager« konfrontiert sah.

»Wie kann ich dazu beizutragen, dass unser Unternehmen seine Ziele erreicht?«, fragte Bob, und man merkte ihm an, dass er es ehrlich meinte.

»Ganz einfach, Bob, das Beste ist, wenn wir alle, die wir in diesem Unternehmen arbeiten, die ›3-P-Strategie‹ – so habe ich sie nämlich getauft – verstehen und akzeptieren.«

»Unsere Personalchefin hat auch schon von diesen drei ominösen Ps gesprochen, aber ich muss gestehen, ich habe keine Ahnung, was damit gemeint ist.«

»Es ist wirklich ganz einfach, Bob. Wie Sie wissen, sind wir in einer Branche tätig, die sich in rasantem Tempo fortentwickelt. Es ist keine Kriechspur, auf der wir uns bewegen. Um zu verhindern, dass wir ein Last-Minute-Unternehmen sind, müssen wir am richtigen Ort zur richtigen Zeit mit den richtigen Lösungen aufwarten. Aus diesem Grund müssen wir sicherstellen, dass jeder in unserem Unternehmen sich demselben Team zugehörig fühlt und dasselbe Spiel spielt. Jeder, der seine Entscheidungen nicht auf der Grundlage der 3 Ps trifft, schadet uns mehr, als dass er uns nützt.«

Bob wurde zunehmend neugieriger. »Was sind diese 3 Ps?«

Die Effektivitätstrainerin machte eine kleine Pause. »Tut mir leid, aber die Frage kann ich Ihnen wirklich nicht beantworten.«

Bob, der verwirrte Manager, traute seinen Ohren nicht.

Die CEO lachte. »Ich spiele keine Spielchen mit Ihnen. Was ich meine, ist: Das Verstehen der 3 Ps ist ein Prozess, nicht einfach nur eine Aufstellung einzelner Punkte oder eine Antwort auf eine Frage. Wir werden Schritt für Schritt vorgehen.«

»Sie werden mir also jetzt sagen, worin das erste P besteht?«

»Genau.«

Die CEO drückte einen kleinen Knopf auf ihrem Schreibtisch und im Büro vollzog sich ein technisches Wunderwerk. Der Raum verdunkelte sich, eine Leinwand fiel von der Decke herab, ätherische Musik erklang aus allen Richtungen und ein Videoprojektor warf ein strahlend helles Bild auf die Wand. Dieses Bild bestand aus einem einzigen Wort, das, umrahmt von einem leuchtenden Strahlenkranz, hin und her tanzte. Das Wort hieß **»Priorität«**. Plötzlich, begleitet von atemberaubenden Klangeffekten, versank es in einem Flammenmeer und tauchte, eingemeißelt in eine Steintafel, wieder auf.

Ich wusste gar nicht, dass wir solches High-Tech-Zeug hier haben, dachte Bob, der skeptische Manager. *Ich dachte, wir lebten immer noch in der Welt der Notizblö-cke, Post-its und Flipcharts.*

Genauso schnell wie alles angefangen hatte, verlosch das Bild, verklang die Musik, verschwand die Leinwand und ging das Licht an.

»Das ist es also?«, fragte Bob. »Das erste P lautet ›Priorität‹?«

»Genau! Phantastisch, finden Sie nicht?«

»Ich kann mir nicht vorstellen, dass ich es je vergessen werde«, gab Bob mit verschmitztem Grinsen zu.

»Das ist der Sinn der Sache«, bestätigte die CEO. »Die Leute, die hier arbeiten, müssen ihre Prioritäten verstehen und dürfen sie nie und nimmer aus dem Blick verlieren.«

»Worin bestehen die Prioritäten denn?«, fragte Bob.

Die CEO griff in ihre linke Schreibtischschublade, zog einen Din-A4-Umschlag hervor und reichte ihn Bob.

»Hier sind Ihre Hausaufgaben für heute Abend. Suchen Sie sich nach dem Abendessen ein ruhiges Plätzchen und füllen Sie den Fragebogen aus. Bringen Sie ihn mir morgen zurück, zur selben Zeit.«

»Wenn ich die Fragen richtig beantworte, werde ich dann aus der Bewährung entlassen?«, fragte Bob rundheraus.

»Es gibt eigentlich keine richtigen oder falschen Antworten, Bob. Es gibt nur *Ihre* Antworten«, erklärte die CEO, während sie aufstand und damit offensichtlich das Gespräch für beendet hielt.

Bob klemmte den Umschlag unter den Arm, erhob sich und reichte der CEO die Hand. »Also bis morgen.«

4

DER ERSTE TEST

Als Bob, der Last-Minute-Manager, nach Hause kam, verkündete ihm seine Frau, dass die Kinder »in Pizzalaune« seien und deshalb eine Riesenpizza bestellt hätten – die Maxivariante, belegt mit jeder Menge leckerer Sachen.

Bobs Frau erkundigte sich in allen Einzelheiten, wie es ihm an diesem Tag ergangen war. »Wie ist deine Sitzung mit der Chief, wie auch immer sie heißen mag, heute verlaufen?«, fragte sie zwischen ihrem ersten und zweiten Stück Pizza.

»Schief Effectivenesch Offischer«, erwiderte Bob, den Mund voll Mozarella. »Gansch gut, glaube isch.«

»Was soll das heißen?«

Bob schluckte und antwortete: »Sie scheint eine aufrichtige Person zu sein. Ich meine, sie ist wirklich am Unternehmen und an uns Mitarbeitern interessiert. Aber es gibt so viele Dinge an dem so genannten ›Prozess‹, die ich nicht verstehe.«

»Zum Beispiel …?«

»Nun, sie hat mir beispielsweise etwas über das erste P – Priorität – erzählt und mir einen verschlossenen Briefumschlag gegeben. Es handelt sich offenbar um eine Art Test und ich muss nach dem Essen ein ruhiges Plätzchen finden, um meine Antworten einzutragen.«

»*Sehr* ungewöhnlich«, stimmte Bobs Frau zu. »Aber hast du nicht von 3 Ps gesprochen? Was ist mit den anderen beiden?«

»Keine Ahnung. Ich schätze, darüber wird sie mich morgen aufklären.«

Bob half nach dem Abendessen beim Aufräumen, und als sich die Kinder endlich in ihre Betten bequemt hatten, begab er sich an seinen Schreibtisch im Arbeitszimmer. Er öffnete den Umschlag in der Erwartung, darin einen ellenlangen, aus vielleicht Dutzenden von Fragen bestehenden Test vorzufinden. Stattdessen zog er ein einziges Blatt Papier heraus, das neben einer Zeile für seinen Namen und das Datum gerade einmal zwei Aufgaben enthielt:

1. Stufen Sie die folgenden persönlichen und arbeitsbezogenen Aspekte je nach ihrer Priorität auf einer Skala von 1 bis 7 ein. (Beginnen Sie mit der 1 für den wichtigsten Punkt.)

  2   Gesundheit und Fitness

  1   Glaube/spirituelles Leben

  5   Karriere

  4   Ehepartner und/oder Familie

  7   Freunde

  3   Bildung/Wissen

  6   Freizeit/Sport

43

Bob saß lange Zeit da und dachte über die Liste nach. *Soll ich mich bei der Rangfolge der Prioritäten danach richten, was die Effektivitätstrainerin meiner Meinung nach erwartet, oder nach dem, was ich wirklich denke?*, überlegte er.

Er überlegte weiter. *Ich sollte die Karriere an die erste, die Familie an die zweite Stelle setzen. Schließlich ist die Familie von der Karriere abhängig.*

Nach vielem Hin und Her entschied sich Bob für seine eigenen Prioritäten. Er setzte »Freizeit/Sport« an die sechste Stelle, nur einen Platz vor dem Schlusslicht »Glaube/spirituelles Leben«. *Dies könnte sich durchaus als gravierender Fehler herausstellen, da ich gewissermaßen auf Anhieb das Gefühl hatte, dass sie eine an spirituellen Dingen interessierte Person ist ...*

Bob wandte sich der zweiten Frage zu, die ihm noch seltsamer zu sein schien als die erste.

2. Ordnen Sie die folgenden Ereignisse nach der Priorität, die diese in Ihrem Leben einnehmen. Mit anderen Worten, welche der genannten Verpflichtungen würde – angenommen, sie stünden alle gleichzeitig auf Ihrer Agenda – an der Spitze rangieren?

   _____ ein Besuch bei Ihrem Hausarzt, für den Sie schon seit 3 Wochen einen Termin haben

   _____ ein Spiel, Konzert oder eine Aufführung Ihres Kindes (oder einer Nichte oder eines Neffen)

_____ ein Krankheitsfall in der Familie
_____ ein auf Wunsch Ihres Arbeitgebers anberaumtes Meeting
_____ ein Termin mit einem wichtigen Kunden
_____ ein lange geplanter Abend mit Freunden
_____ ein »Rendezvous« mit Ihrem Ehepartner oder einer Ihnen wichtigen Person

Getreu seiner lang gehegten Überzeugung, dass »zuerst die Arbeit« zu kommen und seine Treue primär seinem Arbeitgeber zu gelten habe, setzte er das Meeting mit seinem Arbeitgeber und den Termin mit einem wichtigen Kunden vor den lange geplanten Abend mit Freunden und das »Rendezvous« mit seiner Frau. Schwerer tat er sich mit dem Punkt Spiel, Konzert oder Aufführung des eigenen Kindes und dem Krankheitsfall in der Familie. *Beides ist gleich wichtig*, dachte er. Keinerlei Kopfzerbrechen machte ihm der Besuch beim Hausarzt. *Der kann warten. Schließlich lässt er mich auch immer warten!*

Als Bob fertig war, bemerkte er eine letzte Instruktion auf der Seite:

Bevor Sie diesen Fragebogen zurückgeben, schlagen Sie bitte in Ihrem Lexikon das Wort »Priorität« nach.

Das hätte ich zuerst machen sollen, dachte er, während er das Lexikon aus dem Regal nahm und in den Seiten blätterte. Schließlich fand er folgende Definition:

Pri-o-ri-tät

(1) zeitliche Vorrangigkeit oder größere Bedeutung, Rangfolge oder Stellenwert, den etwas innerhalb einer Rangfolge einnimmt, Vorrang eines Rechts; (2) etwas, was wichtiger ist als andere Dinge oder Überlegungen.

Das entspricht ziemlich genau dem, was ich mir auch gedacht habe. Bob prägte sich die Definition ein, stellte das Lexikon zurück ins Regal und steckte den Fragebogen in den Umschlag.

Während er – auf einen guten Schlaf hoffend – ins Bett stieg, beschlich ihn ein unbehaglicher Gedanke, der ihm keine Ruhe ließ: *Was ist, wenn sie meine Antworten nicht gut findet?*

5

SELBSTTÄUSCHUNG

Bob, der Last-Minute-Manager, wäre fast zu spät zu seinem Termin mit der CEO gekommen. Aber seiner Meinung nach hatte er einen perfekten Grund, warum er sich wie irrsinnig abhetzen musste und völlig außer Atem in ihrem Büro eintraf. Seine Mutter hatte angerufen. Als sie hörte, dass er eine Bewährungszeit durchmachen musste, erinnerte sie ihn daran, dass er, wenn er Mediziner geworden wäre, wie sie vorgeschlagen hatte – nein, wie sie ihn *angefleht hatte* –, jetzt besser dastünde. »Ärzte verdienen so viel mehr Geld als Ingenieure, die Manager werden«, schalt sie. »Du hättest auf deine Mutter hören sollen.«

Gott sei Dank schien die Effektivitätstrainerin nicht zu bemerken, dass Bob nach Luft schnappte. Sie bat ihn, Platz zu nehmen, und kam dann gleich zur Sache. »Bob, ich glaube, es gibt drei fatale Charakterzüge eines Last-Minute-Managers. Sie sind allen Aufschiebetaktikern gemeinsam, aber sie sind nicht unbedingt das Ergebnis des Verzögerns und Hinausschiebens, sondern viel öfter die eigentliche Ursache.«

Als das Wort »Last-Minute-Manager« erneut fiel, holte Bob tief und ahnungsvoll Atem, fürchtete er doch, die CEO würde auf einige seiner Fehler zu sprechen kommen.

»Erstens«, fuhr die CEO fort, »bringen es solche Aufschiebetaktiker einfach nicht fertig, sich rechtzeitig um ihre Prioritäten zu kümmern. Sie sind ständig beschäftigt, aber oft mit den falschen Dingen. Wichtiges schieben sie auf die lange Bank. So bleiben Aufgaben mit hoher Priorität oft zu lange unerledigt liegen. Und das führt dann zu Verspätungen.«

»Verstehe«, sagte Bob, unfähig, ihr in die Augen zu sehen.

»Zweitens, selbst wenn sie es so weit bringen, ihre Prioritäten festzulegen, springen sie von einer Aufgabe zur anderen, weil sie glauben, es sei wichtig, mit allen Bällen gleichzeitig zu jonglieren. Dann aber beklagen sie sich, dass sie zu viele ›lose Enden‹ haben, die eigentlich miteinander verknüpft werden müssten. Das führt zum Problem der Arbeitsqualität.«

Sofort ging es weiter: »Und drittens, ob Aufschiebetaktiker es wahrhaben wollen oder nicht – sie verursachen Stress, sich selbst und anderen. Sie verursachen sich selbst Stress, weil sie herumrennen und versuchen, Dinge auf den letzten Drücker erledigt zu bekommen. Sie verursachen anderen Stress, die gezwungen sind, sich um die Einhaltung von Terminen zu kümmern, um so dem Verursacher der eingetretenen Verzögerungen aus der Patsche zu helfen.«

»Die Probleme, die der Aufschiebetaktiker heraufbeschwört, sind also Verspätung, schlechte Arbeitsqualität und Verursachung von Stress für sich selbst und andere«, warf Bob ein.

»Genau«, sagte die CEO. »Priorität – das erste P – wirkt sich vor allem auf das Verspätungsproblem aus. Das erinnert mich daran – haben Sie Ihre Aufgabe gemacht?«, fragte sie.

»Ja, habe ich«, antwortete er und reichte ihr den Fragebogen. »Ich war ziemlich überrascht, nur zwei Fragen vorzufinden.«

Die CEO sagte nichts, während sie sich mit Bobs Antworten beschäftigte. Er wartete … und wartete. Nach einigen Minuten legte die CEO das Papier hin und lächelte.

»Sagen Sie«, fragte er zögernd, »habe ich meine Prioritäten in die richtige Reihenfolge gebracht?«

»Wie ich Ihnen schon gestern erklärte, gibt es keine richtigen und falschen Antworten. Prioritäten verschieben sich ständig. Eine Liste aufzustellen und sie auf immer so beizubehalten ist unmöglich. Die Liste verändert sich.«

»Bitte erläutern Sie mir, was Sie damit meinen.«

»Sind Sie jemals in der Notaufnahme eines Krankenhauses gewesen?«

»Ja«, erwiderte Bob. »Unser Sohn Jared hat sich letztes Jahr den Arm gebrochen, als er am Schlagmal in den Fänger hineinschlitterte. Wir haben stundenlang in der Notaufnahme gesessen und gewartet, bis jemand kam und ihn behandelte. Das war keine angenehme Erfahrung.«

Die CEO sagte mitfühlend: »Gebrochene Arme gelten nicht viel, nicht wahr?«

»Das kann man wohl sagen«, stimmte Bob zu.

»Die Erklärung für Ihr langes Warten liegt natürlich bei der Triage-Krankenschwester.«

»Das Wort ›Triage‹ habe ich schon mal gehört, habe mich aber nie darum gekümmert, was es genau heißt.«

»Der Begriff stammt aus dem kriegerischen Umfeld. Er bezeichnet im Grunde ein System, das die Prioritäten für die medizinische Behandlung von Verletzten nach der Dringlichkeit, der Schwere der Verletzungen und den Überlebenschancen der Patienten gewichtet. Deshalb ist in der Notaufnahme eines Krankenhauses die Wahrscheinlichkeit groß, dass jedes Opfer eines Verkehrsunfalls Vorrang vor dem gebrochenen Arm Ihres Sohnes hat.«

»Wohl wahr. Aber was hat das mit der Geschäftswelt zu tun?«

»Wir erwarten in Zukunft von jedem Mitarbeiter bei *Algalon*, dass er alle seine Tätigkeiten einer Triage-Analyse unterzieht. Folglich wird er die wichtigen Dinge – die Prioritäten – stets als Erstes erledigen, anstatt nach der Devise zu handeln ›Wer zuerst kommt, mahlt zuerst‹. Menschen, die wissen, was am wichtigsten ist, sind selten mit der Bearbeitung dieser vordringlichen Prioritäten zu spät dran.«

Bob antwortete mit einem Gesichtsausdruck, der besagte: »Sprechen Sie weiter.«

Die CEO wies auf ein Diagramm an der Wand.

Ja	Vielleicht	Nein
Das möchte und muss ich tun	Das möchte ich, aber muss es nicht tun	Das möchte ich nicht und muss es auch nicht tun
Das muss ich, aber möchte es nicht tun		

»Wie Sie sehen, gibt es vier Kategorien von Tätigkeiten, mit denen sich jeder von uns tagtäglich konfrontiert sieht:

- Dinge, die wir tun **möchten** und **müssen**
- Dinge, die wir tun **müssen**, aber **nicht möchten**
- Dinge, die wir tun **möchten**, aber **nicht müssen**
- Dinge, die wir **nicht** tun **möchten** und **nicht** tun **müssen**«.

»Die ersten beiden Tätigkeiten stehen in der ›Ja‹-Spalte. Die dritte rangiert unter ›Vielleicht‹. Die vierte bildet die ›Nein‹-Spalte. Die schlimmsten unter den Last-Minute-Managern geben sich in der Tat mit Aufgaben aus der ›Nein‹-Spalte ab. Eine Katastrophe!«

»Das leuchtet mir ein«, stimmte Bob zu.

Die CEO fuhr fort: »Die Aufgaben, die ich ausführen ›möchte und muss‹, bereiten keine Schwierigkeiten. Unproblematisch sind auch die Aufgaben, die ich ausführen ›möchte, aber nicht muss‹, denn sie stellen für mich persönlich eine Bereicherung dar. Heute steht beispielsweise bei mir ein Punkt auf der Liste, den ich tun möchte, aber nicht unbedingt muss. Ich würde nämlich liebend gern zum Golfen gehen. Aber wenn ich mir diesen Wunsch erfüllte, würde dies mit den ›Muss‹-Punkten auf meiner Liste in Konflikt geraten.«

»Das kann ich gut nachvollziehen«, pflichtete Bob ihr bei … während er an die vielen Male dachte, bei denen ihm dies durcheinander geraten war.

»Bob, mir ist aufgefallen, dass in Ihrer ersten Frage der Punkt ›Gesundheit und Fitness‹ ziemlich weit hinten steht. Scheint so, als sei dies für Sie etwas, was Sie tun ›müssen, aber nicht möchten‹.«

»Damit könnten Sie Recht haben. Ich habe das ständig sich wiederholende Abspulen des Trainingsprogramms immer als langweilig empfunden, obwohl ich sagen muss, dass mir in letzter Zeit der Besuch im Fitness-Studio mehr Spaß macht. Auch finde ich, dass der Tag besser läuft, wenn ich morgens früh jogge. Die körperliche Ertüchtigung scheint sich demnach in die Kategorie der ›möchte und muss‹-Aufgaben zu schieben. Sie gibt mir Elan und schlafen kann ich auch besser.«

»Wunderbar«, meinte die Effektivitätstrainerin

anerkennend. »Aber in Ihrer Antwort auf die zweite Frage haben Sie angegeben, dass ein Besuch bei Ihrem Hausarzt an letzter Stelle auf Ihrer Liste stehen würde.«

»Ja, ich glaube, so habe ich geantwortet.«

»Wenn Sie allgemein bei guter Gesundheit sind, kann ich verstehen, warum Sie einen Termin bei Ihrem Doktor zu Gunsten eines geselligen Abends mit Freunden oder eines Treffens mit einem Kunden sausen lassen.«

»Ich bin tatsächlich bei recht guter Gesundheit.«

»Das ist gut zu wissen. Aber nehmen wir einmal an, bei Ihrem Arzttermin sollte überprüft werden, ob die Chemotherapie gegen den Krebs in Ihrem Körper Erfolg gehabt hat. Was dann?«

Bob antwortete ohne Zögern: »Mein Arztbesuch wäre wahrscheinlich der wichtigste Termin in meinem Kalender – etwas, was ich tun ›möchte und muss‹.«

»Richtig! Noch ein Beispiel: Ihr geselliger Abend gilt Freunden, die am nächsten Tag nach Neuseeland ziehen, und es könnte Jahre dauern, bevor Sie sich wieder sehen.«

»Dieser Termin würde auf meiner Liste ebenfalls nach oben rücken.«

»Der Punkt ist also, dass Situationen – Ihre Kenntnis der aktuellen Umstände – Ihre Prioritäten diktieren.«

»Das wird wohl so sein.«

»Unser Ziel ist, sicherzustellen, dass jeder, der

hier arbeitet, versteht, dass sich die Prioritäten ändern. Unser Leitprinzip lautet: wir müssen *wissen, was zu tun und wann etwas zu tun ist.*«

»Können Sie das etwas näher erläutern?«

»Okay, ich will es versuchen. Viele Leute schaffen sich selbst häufig sinnlose Aufgaben und lassen zu, dass diese Aufgaben ganz oben auf ihre Prioritätenliste rücken. Schlimmer noch – sie lassen zu, dass andere Personen sinnlose Aufgaben für sie kreieren. Wenn Sie in der Lage sind, eine offene und ehrliche Beziehung zu Ihrem Vorgesetzten zu entwickeln – etwas, was wir in unserem Unternehmen nachdrücklich fördern –, wird es Ihnen möglich sein, Aufgaben, die Ihnen keine echten Prioritäten zu sein scheinen, ihm gegenüber infrage zu stellen. Einvernehmlich werden Sie beide dann die Aufgaben einer Triage-Analyse unterziehen und sie von der Liste streichen.«

»Heißt das, dass es tatsächlich Dinge gibt, die ich überhaupt nicht tun sollte?«

»Genau. Hier ein Beispiel aus eigener Erfahrung. In meiner vorherigen Position war ich der Ansicht, zu den wichtigsten Aspekten meines Jobs gehöre es, sämtliche Fachzeitschriften zu lesen, die über meinen Schreibtisch gingen. Eigentlich habe ich mir damit selbst eine sinnlose Aufgabe geschaffen. Schließlich wurde mir klar, dass mich das Lesen dieser Berge von Zeitschriftenmaterial so in Anspruch nahm, dass ich die wichtigeren Aufgaben vernachlässigte.«

»Uff! Das kenne ich«, gestand Bob verlegen ein.

»Rückblickend würde ich sagen, dass ich aus den Hunderten von Seiten, die ich durchgeblättert habe, selten etwas wirklich Nützliches gelernt habe. Aber immerhin konnte ich den Punkt ›Lesen von Fachzeitschriften‹ auf meiner Liste abhaken.«

Die CEO lachte. »Sicherlich ist in vielen dieser Publikationen Nützliches zu lesen, aber wirklich weltbewegende Ideen erblicken auch ohnedies das Licht der Welt. Schließlich habe ich die Abonnements der für meine Belange unwichtigsten Publikationen gekündigt oder sie an andere Leute weitergegeben, die mit den darin enthaltenen Informationen mehr anfangen konnten.«

Bob nickte zustimmend. »Ich dachte immer, es käme *Algalon* nur zugute, wenn ich mir massenweise Wissen aus so vielen Quellen wie möglich aneignen würde. Deshalb habe ich all die Magazine gelesen. Aber mein Job besteht nicht darin, diese Flut an Informationen nachzulesen, sondern einen Produktionsprozess zu managen.«

Die CEO nickte. »Viele Manager glauben, dass *Aktivität* zu *Produktivität* führt – und *Produktivität* zu *Resultaten*. Deshalb kreieren sie ellenlange Listen mit jeder Menge Aktivitäten. Sind all diese Aktivitäten abgehakt, wiegen sie sich in dem Glauben, sie seien produktiv gewesen. Wenn sie schließlich entdecken, dass signifikante Resultate ausbleiben, stehen sie vor einem Rätsel. Schließlich haben sie doch alle Hände voll zu tun gehabt und konnten jede Menge Aufgaben von ihrer Liste streichen. Derweil sind die wichtigen Dinge unbeachtet liegen geblieben und nicht eine einzige Sache wurde delegiert. Sie haben ihre Aktivitäten keiner Triage unterzogen. Sie sind zu Last-Minute-Managern geworden – durch Selbsttäuschung.«

»Selbsttäuschung?«, fragte Bob.

»Bob, wissen Sie, welches in Amerika die häufigste Todesursache bei Erwachsenen ist?«

Bob dachte einen Augenblick nach. »Krebs, würde ich sagen.«

»Gute Antwort. Aber versuchen Sie es noch einmal.«

»Herzinfarkt?«

»Auch eine Möglichkeit. Haben Sie noch eine Vermutung?«

»Schlaganfall?«

»Denkbar.«

»Ich gebe auf.«

Ein schmerzlicher Schatten zog über ihr Gesicht. »Ich persönlich glaube, dass die Todesursache Nummer eins die Selbsttäuschung ist.«

»Selbsttäuschung?«, fragte Bob, während er über ihren Satz nachdachte.

»Ja«, antwortete sie, während sich ihre Augen mit Tränen füllten. »Gerade haben wir darüber gesprochen, wie wichtig Ihnen der Besuch bei Ihrem Doktor wäre, wenn dabei die Ergebnisse Ihrer Krebsbehandlung überprüft werden sollten …«

»Das stimmt«, bestätigte Bob.

Nur mit Mühe konnte die CEO fortfahren. »Mein Vater starb an Selbsttäuschung. Mehr als zwei Jahre lang plagten ihn schlimme Schmerzen im Unterleib. Er hat sie sogar in seinem Tagebuch erwähnt. Meine Mutter entdeckte die schreckliche Wahrheit fast drei Jahre nach seinem Tod – als sie sein Tagebuch las. Wenn es um seine Gesundheit ging, war mein Vater ein Last-Minute-Manager. Er wusste keine Prioritäten zu setzen. Anstatt sich also regelmäßig der Vorsorgeuntersuchung zur Früherkennung von Darmkrebs zu unterziehen, verschloss er bewusst die Augen vor der Wahrheit. Er suchte seinen Doktor zu spät auf. Die Folge: Vier langwierige Operationen, zehn Wochen Krankenhausaufenthalt und zwei Monate in einem Pflegeheim. Dann starb er. An Selbsttäuschung. Nicht an Krebs. Sondern an seiner Last-Minute-Lösung für eine furchtbare Situation.«

Die CEO wischte sich die Tränen ab. »Entschuldigung. Ich sollte hier nicht über so bedrückende Dinge sprechen.«

Bob war voller Mitgefühl. »Ist schon in Ordnung«, sagte er. »Es tut mir leid wegen Ihres Vaters. Er muss Ihnen sehr viel bedeutet haben.«

»Ja, das stimmt. Er hat keines meiner Fußballspiele verpasst. Er hat nicht ein einziges Klaviervorspiel verpasst. Aber er verpasste meine Abschlussfeier, als ich von der Grundschule zum Gymnasium wechselte. Er starb zwei Wochen vorher – in letzter

Minute. Und ich vermisse ihn immer noch. Ich vermisse ihn so sehr.«

Bob und die CEO schwiegen einen beklemmenden Augenblick lang.

Schließlich nahm die CEO das Gespräch wieder auf. »Priorität heißt also, die Aufgaben einer Triage-Analyse zu unterziehen und sicherzustellen, dass die wichtigsten vordringlich bearbeitet werden. Dieses Verfahren hilft Last-Minute-Managern, ihre Verspätungstendenz zu überwinden.«

»Was ist mit den anderen beiden Aspekten – schlechte Arbeitsqualität und Stressverursachung?«

Die CEO lächelte. »Vergessen Sie nicht: Es warten noch zwei weitere Ps auf uns!«

6

DAS ZWEITE P

»Bob, das Gute ist, dass es eine – überzeugende und effektive – Möglichkeit gibt, sich unter den verschiedenen Optionen, mit denen wir uns konfrontiert sehen, zu entscheiden. Es gibt eine Möglichkeit herauszufinden, was und wann etwas zu tun ist. Es gibt eine Möglichkeit, Ordnung in unsere Prioritäten zu bringen. Dieses Geheimnis erschließt uns das zweite P.«

Die Effektivitätstrainerin drückte auf ihren magischen Knopf und wieder verdunkelte sich der Raum, die Leinwand fiel herab, ätherische Musik erklang und ein einziges Wort tauchte auf der Leinwand auf. Es hüpfte und tanzte. Plötzlich schossen Flammen empor und, begleitet von Klangeffekten, erschien dasselbe Wort in anderer Gestalt – eingemeißelt in eine Steintafel.

Langsam bekommt das Ganze Methode, dachte Bob, während sich das Wort in die Steintafel eingrub.

»Propretät«

»Hier haben wir das zweite P«, verkündete die CEO nicht ohne eine gehörige Portion Stolz. »Noch Fragen?«

Bob zögerte. »Nur eine einzige. Was bedeutet das?«

»Wünschen Sie meine Definition … oder die aus dem Lexikon?«

»Fangen wir mit dem Lexikon an.«

Die CEO brauchte nicht nachzuschlagen. Sie hatte die Definition im Kopf. »Es gibt drei Komponenten. Erstens: ›Die Eigenschaft oder der Zustand von Richtigkeit und Angemessenheit‹, zweitens: ›Korrektheit von Verhalten oder Moral‹, drittens: ›Übereinstimmung mit allgemein akzeptierten Standards‹.«

»So ungefähr war auch meine Vorstellung, aber ich muss Ihnen offen gestehen: Ich glaube, ich habe dieses Wort seit Jahren nicht gebraucht, wenn es überhaupt jemals zu meinem Wortschatz gehört hat. Es klingt so altertümlich. Unmodern. Etwas prüde. Wie ein Relikt aus der viktorianischen Ära.«

Lachend gab die CEO zu: »Sie haben Recht, Bob. Es *ist* altertümlich. Ich kann mich nicht erinnern, es in meiner Jugend je aus dem Mund meiner Eltern gehört zu haben. Aber mir ist kein anderes Wort – ein Wort mit P schon gar nicht – eingefallen, das genau das wiedergibt, was Proprität bedeutet. Der Ausdruck selbst mag etwas hochgestochen und unmodern klingen, aber von seinem Inhalt her ist dieser Begriff höchst aktuell und extrem wichtig.«

Bob dachte über ihre Worte nach und meinte dann: »Ich nehme an, es wird eine Art Test hierzu geben.«

»Eigentlich nicht. Aber ich habe für Sie ein kleines Arbeitsblatt, über das Sie zu Hause nachdenken können.« Die CEO gab Bob wieder einen DIN-A4-Umschlag. »Es enthält unser brandneues ›Propretätsgesetz‹ mit seinen sieben Handlungsmaximen. Sie definieren, was von jetzt an bei uns unter ›Propretät‹ zu verstehen ist. Und jeder Zeit/Ziel-Manager in unserem Unternehmen wird sich strikt an sie halten müssen, will er erfolgreich sein und Qualitätsarbeit leisten. Denken Sie heute Abend über diese Punkte nach und morgen sprechen wir darüber. Sehen wir uns morgen zur selben Zeit?«

»Klingt großartig! Ich werde zur Stelle sein«, sagte Bob. Aber als er am Ende seines Arbeitstages seinen Computer und seinen PDA zusammenpackte, dachte er: *Ich frage mich, ob sich wohl alle Mitarbeiter in diesem Unternehmen mit diesem Konzept identifizieren können.*

7

MAXIMEN ANGEMESSENEN HANDELNS

Bob fühlte sich von seinem zweiten Gespräch mit der Effektivitätstrainerin so ausgelaugt, dass er sich auf dem Heimweg zu einem Abstecher ins Fitness-Center entschloss – einen Ort, den er trotz seiner Abneigung gegen strikte Trainingsroutine inzwischen etwas öfter aufsuchte. Unterwegs rief er vom Handy aus seine Frau an, um sich zu vergewissern, dass sie mit seinem Vorhaben einverstanden war. Da sich niemand meldete, hinterließ er ihr eine Nachricht.

Er absolvierte einen vollen Durchgang, bei dem er sich fast völlig verausgabte. Danach gönnte er sich eine extrem lange Ruhepause im Sauna- und Wellnessbereich. Und beim Umkleiden verfolgte er im Fernsehen die Nachrichten auf CNN. *Vielleicht sind Wellness, Sauna und CNN schuld daran, dass ich endlich mehr Geschmack am Fitness-Training bekomme*, sagte er zu sich selbst.

Dann fuhr er, so erfrischt und entspannt wie seit Tagen nicht mehr, nach Hause – ganze zehn Meilen pro Stunde unter dem vorgeschriebenen Tempolimit. Ein ungewöhnliches Verhalten für Bob, den stets eiligen Manager.

Er fand ein leeres Haus vor. Keine Ehefrau. Keine Tochter. Kein Sohn. *Wohin sind sie nur alle ausgeflogen?* Er wollte sich gerade hinsetzen, um sich das letzte Viertel eines NBA-Spiels anzusehen, als seine Familie eintrudelte.

»Dad, wo warst du?«, fragte seine Tochter – halb wütend, halb in Tränen aufgelöst – und stürmte an ihm vorbei in ihr Zimmer.

»Also wirklich Dad, das hast du sauber hingekriegt«, ergänzte sein Sohn, während er sich ein Stück kalte Pizza aus dem Kühlschrank angelte und auf sein Zimmer zusteuerte. »Wir haben uns alle gewundert, wo du bleibst. Du hattest doch fest versprochen zu kommen.«

Bob war plötzlich allein – abgesehen von der unerquicklichen Tatsache, dass seine erboste Frau noch in unmittelbarer Nähe stand. »Weißt du, Bob, mich würde eines mal interessieren. Blickst du jemals auf diesen ach so tollen, teuren elektronischen Kalender, den du dein Eigen nennst? Wie konntest du so etwas Wichtiges vergessen wie Michelles Line-Dance-Turnier?«

»Das war heute Abend?«, fragte Bob, der wie vom Donner gerührte Manager.

»Ja, Bob, das war heute Abend. Irgendwie hat es das Turnier nicht geschafft, auf deine famose neue Prioritätenliste zu rücken. Du scheinst an allem gerade in allerletzter Minute teilzunehmen – wenn überhaupt!«

Diese Worte gaben ihm einen Stich ins Herz und zerknirscht sah er seiner Frau nach, wie sie wütend die Treppe zum Schlafzimmer hinaufging. Das Letzte, was er von ihr hörte, war: »Du hast mich wirklich schwer enttäuscht, Robert. Und deine Kinder ebenfalls.«

Lange Zeit saß Bob da und grübelte über die letzen Worte seiner Frau nach. Zahllose Gedanken schwirrten ihm durch den Kopf.

Bin ich wirklich ein so schlechter Ehemann?

Bin ich wirklich ein so übler Vater?

Bin ich ein unerwünschter Mitarbeiter?

Bin ich wirklich ein Last-Minute-Manager?

Bob war tief in Gedanken versunken und voller Gewissensbisse, als seine Frau leise die Treppe herunter kam und ins Wohnzimmer schlüpfte.

»Tut mir leid Bob. Ich hätte nicht so hart zu dir sein sollen, aber Michelle hatte sich so gefreut, dass du zu ihrem Tanzturnier kommen wolltest, und als du dann nicht auftauchtest, war sie wirklich gekränkt.«

»Ich bin derjenige, der sich entschuldigen sollte«, sagte Bob. »Ich fühle mich als kompletter Versager.«

»Du bist kein Versager, Bob«, antwortete sie und schlang ihre Arme um ihn. »Du – wir – machen im Augenblick eine Menge durch. Und diese so genannte Effektivitätstrainerin macht die Sache nicht leichter.«

»Da bin ich mir nicht so sicher«, meinte Bob. »Sie kann mir vielleicht helfen, die Dinge in einem anderen Licht zu sehen, auch wenn das für die Vorkommnisse heute Abend kein Trost ist. Ich habe heute einen weiteren geheimnisvollen Umschlag bekommen. Ich werde mich da durchbeißen, gleichgültig, was passiert. Egal, wie ungewöhnlich der ganze ›Prozess‹ ist, ich werde bis zum Schluss durchhalten. Ich will aus dem Bewährungsstatus wieder herauskommen. Und zum Kuckuck noch mal, ab jetzt ist Schluss mit dem Last-Minute-Manager!«

Bob ging in sein Arbeitszimmer. Er öffnete den Umschlag und zog ein einziges Blatt Papier heraus. Es enthielt keine Liste mit Fragen. Einfach ein paar Punkte, die zum Nachdenken aufforderten:

PROPRETÄT: MAXIMEN ANGEMESSENEN HANDELNS
- Das Richtige tun.
- Das Richtige tun aus den richtigen Gründen.
- Das Richtige tun mit den richtigen Leuten.
- Das Richtige tun zur richtigen Zeit.
- Das Richtige tun in der richtigen Reihenfolge.
- Das Richtige tun mit Intensität.
- Das Richtige tun mit Blick auf die richtigen Ergebnisse.

Bob sann über die Worte nach. Ganz in seine Überlegungen vertieft, dachte er auch an die Ereignisse, die sich am Abend zugetragen hatten.

Wenn ich dies hier richtig interpretiere, habe ich heute Abend die Rechte meiner Familie eklatant verletzt. Ich

65

habe mit Sicherheit nicht das Richtige getan. Richtig wäre gewesen, bei Michelles Turnier dabei zu sein. Und es wäre ein Leichtes gewesen, hätte ich mir zehn Sekunden Zeit genommen, um in meinen Terminkalender zu schauen. Der richtige Grund ist, dass sie meine Tochter ist und dass sie sich meine Anwesenheit bei ihrer Vorführung gewünscht hat. Die richtigen Leute? Nun, das ist wohl meine Familie. Keine Frage, ich habe alles zur falschen Zeit, in der falschen Reihenfolge mit dem falschen Ergebnis gemacht. Ich glaube, ich muss mich entschuldigen – und zwar mit Intensität.

Bob schob das Blatt wieder in den Umschlag und ging zu seiner Tochter. Er nahm sie in den Arm und sagte: »Michelle, ich kann dir gar nicht sagen, wie leid es mir tut, dass ich dein Turnier verpasst habe. Das habe ich schlicht verschwitzt. Dafür gibt es keine Entschuldigung. Ich weiß nicht, wie ich es wieder gutmachen kann, aber ich will es versuchen. Eines verspreche ich dir schon jetzt: Du wirst einige Veränderungen in meinem Verhalten feststellen. Ich möchte an deinem Leben teilhaben und dir ein Vater sein, den du lieben und auf den du stolz sein kannst.«

Michelle sah mit Tränen in den Augen zu ihm auf. »Danke, Dad.«

Die Welt sieht plötzlich viel freundlicher aus, dachte Bob, als er hinunter in die Diele und dann in das Zimmer seines Sohnes ging, um seine Entschuldigungen für diesen Abend abzuschließen. Als er schließlich neben seiner Frau im Bett lag, sagten sie nichts zueinander, sondern umarmten sich nur ganz fest.

Bob, der inzwischen etwas entschiedenere Manager, erschien zum Gespräch mit der Effektivitätstrainerin fünf Minuten vor dem vereinbarten Termin. *Hoffentlich registriert sie es!* Tat sie aber nicht. Oder wenn sie es tat, ließ sie es sich nicht anmerken.

»Was halten Sie von dem zweiten P?«, fragte sie.

»Gestern Abend habe ich am eigenen Leib erfahren, dass die Maximen angemessenen Handelns nicht nur einen guten Leitfaden für die Bestimmung der Prioritäten abgeben, sondern auch Hilfestellung leisten, welche Maßstäbe an das eigene Handeln anzulegen sind, damit es von hoher Qualität ist«, sagte Bob voll Überzeugung.

»Sie haben Recht. Genau das ist der Punkt.«

»Ich vermute, dass es einiger Zeit und Praxis bedarf, bis ich in der Lage bin, die sieben Handlungsmaximen auf alle meine Prioritäten konsequent anzuwenden.«

»Ganz sicher«, stimmte die CEO zu. »Aber wenn Sie es weiter mit mir aushalten, werde ich Sie mit einigen hervorragenden, von mir entwickelten Methoden bekannt machen, die Sie dabei unterstützen werden.«

»Was für Methoden?«

»Hier ein simples Beispiel: Ich werde demnächst anfangen, jeden Tag per Voicemail kurze Mitteilungen im Unternehmen zu verschicken. Jedem interessierten Mitarbeiter steht es frei, diese unter einer speziellen Telefonnummer abzurufen. Ich habe mir aus unzähligen Quellen jede Menge kleiner altbewährter Lebensweisheiten und Leitsprüche herausgesucht, die ich in Form dieser kurzen Mitteilungen weitergeben werde.«

»Haben Sie ein Beispiel für eine solche Lebensweisheit?«, fragte Bob, der immer noch etwas skeptische Manager.

»Natürlich. Diesen Spruch haben Sie sicher schon einmal gehört. ›Was man sät, das erntet man.‹«

»Der ist mir bekannt. ›Was der Mensch säet, das wird er ernten‹, richtig?«

»Genau. Natürlich geht es nicht um Mais, Bohnen oder Weizen. Gemeint ist das Leben generell. Wenn Eltern ihren Kleinkindern nicht genügend Zeit widmen – um ihnen beizubringen, das Richtige vom Falschen zu unterscheiden, oder um ihren Gedanken und Träumen zuzuhören –, können sie nicht erwarten, dass sich später im Leben ihr Verhältnis zueinander positiv gestaltet. Auch können sie nicht damit rechnen, dass ihre Kinder vernünftige Entscheidungen treffen. Solche Dinge haben also Priorität.«

»Das leuchtet ein«, sagte Bob, der immer noch von Gewissensbissen geplagte Vater. »Und man kann wohl mit Recht sagen, dass dies ein altbewährter Gedanke ist.«

»Was halten Sie von dieser weisen Feststellung: ›Aus zwei falschen Dingen kann unmöglich etwas Richtiges entstehen‹?«

»Das habe ich auch schon mal gehört.«

»So wahr das auch sein mag – im Hinblick auf die Maximen angemessenen Handelns wollen wir diesen Spruch umdrehen: ›Aus zwei richtigen Dingen kann unmöglich etwas Falsches entstehen.‹ Egal, welche Entscheidung anliegt, wenn Sie zwei oder mehr ›richtige‹ Maximen auf eine Situation anwenden können, werden Sie selten falsch liegen. Je mehr ›Richtiges‹ auf eine Situation zutrifft, desto besser ist wahrscheinlich das Ergebnis.«

»Interessanter Gedanke«, sagte Bob.

»Und noch eine Weisheit: ›Behandele andere so, wie du gerne behandelt werden möchtest.‹«

Sofort ergriff Bob wieder das Wort: »Davon haben Sie schon am ersten Tag, als wir uns kennen lernten, gesprochen. ›Was du nicht willst, das man dir tu, das füg auch keinem andern zu.‹«

»Auch das ist richtig. Der Punkt ist, dass diese altbewährte Lebensweisheit zu denjenigen gehört, an denen unser Unternehmen die Führung seiner Geschäfte heute und in Zukunft zu orientieren gedenkt. Viel zu viele Firmen handeln nach dem Motto ›Mach *den anderen* fertig, bevor er *dich* fertig macht.‹«

»Das stimmt«, pflichtete Bob bei.

»In unserem Unternehmen gilt das langfristige Ziel, alles daranzusetzen, dass alle Beteiligten als

Gewinner aus dem Rennen hervorgehen – unsere Kunden, unsere Lieferanten, unsere Mitarbeiter und, ja, auch unsere Manager und obersten Führungskräfte. Wir wollen sicherstellen, dass es keine Konflikte zwischen Mitarbeitern und Management mehr gibt. Unsere Leute müssen dem Management vertrauen – und umgekehrt.«

»Ein beeindruckendes Ziel!«, rief Bob, der beeindruckte Manager, aus.

»Gar nicht so beeindruckend, wenn wir verstehen, worin unsere Prioritäten bestehen und wie die Prinzipien der Propretät mit ihnen zusammenhängen.«

»Dennoch, dieses Denken ist neu in unserem Unternehmen. Deshalb bin ich wohl so erstaunt.«

»Wie Sie sicherlich unschwer erraten können, werden sich die Lebensweisheiten in meinen morgendlichen Telefonbotschaften meistens auf die 3 Ps und die Maximen angemessenen Handelns beziehen.«

»Vermutlich haben Sie für alle Handlungsmaximen spezielle Definitionen parat«, meinte Bob.

»Natürlich, aber ich hoffe, Sie geben mir Ihre Definitionen.«

Bob war bereit, sich darauf einzulassen.

»Was glauben Sie, meinen wir mit ›**Das Richtige tun**‹?«, fragte die CEO.

»Gemeint ist wohl: Es gibt richtig und falsch und Sie möchten, dass unsere Leute das Richtige dem Falschen vorziehen«, schlug Bob vor.

»Zweifellos. Aber wie weiß man, was ›richtig‹ und was ›falsch‹ ist?«

»Keine Ahnung«, gestand Bob ein. »Vielleicht Instinkt?«

»Instinkt ist sicherlich hilfreich, aber ich würde eine Methode bevorzugen, die wir unter der Bezeichnung ›Ethische Kontrolle‹ kennen«, sagte die CEO. »Wenn ich mit einem potenziellen ethischen Problem konfrontiert bin – wo richtig und falsch nicht klar abgrenzbar sind –, stelle ich mir drei Fragen:

1. **Ist es rechtmäßig?**
   Verstoße ich damit gegen das Recht oder gegen die Unternehmenspolitik?

2. **Ist es ausgewogen?**
   Ist es allen Betroffenen gegenüber sowohl kurz- als auch langfristig fair? Ist es Beziehungen förderlich, in denen beide Seiten gewinnen?

3. **Wie steht es mit meiner Selbstachtung?**
   Erfüllt es mich mit Stolz?
   Wie wäre mir zu Mute, wenn meine Entscheidung in der Zeitung veröffentlicht würde?
   Wie wäre mir zu Mute, wenn meine Familie davon erführe?«

»Die erste Frage betrifft die Rechtmäßigkeit, die zweite die Fairness und in der dritten geht es um die Selbstachtung. Die meisten Leute stellen sich nur die Rechtmäßigkeitsfrage. Aber es gibt Situationen, in denen etwas zwar rechtmäßig, aber ethisch nicht akzeptabel sein mag.«

»Können Sie mir ein Beispiel nennen?«

»Selbstverständlich«, antwortete die CEO. »Wir alle kennen aus der Presse Fälle, bei denen das Vorgehen aus bilanzierungstechnischer Sicht durchaus legal war, aber unfair gegenüber Mitarbeitern, Kunden und Aktionären. Hätten die Manager davon ausgehen müssen, dass ihr Tun veröffentlicht werden würde, hätten sie sich die Sache vermutlich zweimal überlegt.«

Bob dachte einen Augenblick über ihre Worte nach. »Sie haben Recht. Nur weil etwas legal ist, ist es noch lange nicht richtig. Man muss alle drei Fragen stellen. Sehr überzeugend.«

»Ganz meine Meinung«, sagte die CEO lächelnd. »Aber das nächste Prinzip – **Das Richtige tun aus den richtigen Gründen** – ist ein wenig kniffliger.«

»Was meinen Sie mit ›kniffliger‹?«

»Es hat mit den Motiven des Handelns zu tun. Nehmen Sie beispielsweise Martin Luther King, jr. Er tat das Richtige. Er setzte sich für die Bürgerrechte ein. Aber ging es ihm um persönlichen Ruhm? Um Geld? Oder ging es ihm um die Gleichberechtigung von Millionen von Menschen?«

»Um die Gleichberechtigung«, erwiderte Bob ohne Zögern.

»Richtig! Auch wenn ihn seine Arbeit nicht reich gemacht hat, so hat sie ihm doch großen Ruhm eingetragen. Aber das war nur ein Nebenprodukt seines Bestrebens, die Schranken zwischen Rassen und Hautfarben niederzureißen. Sein Ziel war – dem Sinn der ethischen Kontrolle gemäß –, dass es ›Gewinner auf beiden Seiten‹ gab.«

»Und doch starb er an der Kugel eines Mörders«, warf Bob ein.

»Ja. Das Richtige aus den richtigen Gründen zu tun bietet keine Gewähr für persönliche Sicherheit und ein sorgenfreies Leben. Last-Minute-Manager setzen oft alles daran, sich selbst vor Schwierigkeiten zu bewahren, aber echte Führungspersönlichkeiten bemühen sich nach Kräften, anderen das Leben zu erleichtern.«

»Glauben Sie also wirklich, dass Martin Luther King, jr., bereit war, für seine Sache zu sterben?«

»Ich glaube nicht, dass er jemals daran gedacht hat, auf diese Weise zu sterben, aber er war mit Sicherheit überzeugt, dass er für eine gerechte Sache kämpfte und dass sein Wirken die Zeit überdauern würde.«

»Wie hängt dies alles mit der Maxime ›**Das Richtige tun mit den richtigen Leuten**‹ zusammen?«

Die Effektivitätstrainerin dachte einen Moment nach. »Die Zusammenarbeit mit anderen Menschen spielt sich meiner Ansicht nach auf zwei Ebenen ab – einer formalen und einer essenziellen. Die formale Ebene der Interaktion betrifft die Art der Arbeit, die man miteinander ausführt, sowie die ge-

73

meinsame Vorgehensweise. Die essenzielle Ebene liegt wesentlich tiefer: ›Herz zu Herz‹ und ›Werte zu Werten‹.«

Sie fuhr fort: »Für mich hat die essenzielle Ebene Vorrang vor der formalen. Ich muss wissen, wer die Leute sind, bevor ich etwas mit ihnen in Angriff nehme. Ich ziehe es vor, Unternehmungen – ob geschäftlicher oder privater Art – mit solchen Menschen durchzuführen, welche die 3 Ps praktizieren. Wenn ich beispielsweise eine Partnerschaft mit jemandem eingehe, der nicht meine Werte teilt und nicht das Richtige tun will, kann ich mir eine Menge Konflikte einhandeln. Lieber ist mir, mit Menschen zusammenzuarbeiten, die ihr Wort halten und denen ich vertrauen kann. Wenn ich jemandem im Vertrauen etwas erzähle, möchte ich es nicht am nächsten Tag in einer E-Mail lesen, die durch die ganze Firma schwirrt.«

Bob verstand sofort, was sie meinte. »Neulich hat meine Tochter ihrer besten Freundin etwas unter dem Siegel der Verschwiegenheit anvertraut und die Freundin hat es in der ganzen Schule weitererzählt. Sie war todunglücklich.«

»Eine schlimme Erfahrung, um die sie wohl niemand beneidet«, pflichtete ihm die CEO bei. »Und Fakt ist, dass es selbst den besten Führungskräften nicht immer gelingt, die richtigen Mitarbeiter für ihr Team herauszupicken. Aber zumindest die offensichtlichsten Fehler lassen sich vermeiden.

Schließlich gehen wir auch nicht zu unserem Fahrzeugmechaniker, um uns gesundheitliche Probleme diagnostizieren zu lassen, und wir bitten nicht unseren Arzt, den Motor unseres Autos wieder flott zu machen.«

Bob lachte. »Da haben Sie Recht.«

»Dasselbe Prinzip trifft auch auf Organisationen zu. Last-Minute-Manager geben keine guten Partner ab.«

Bob, der ob dieser Anspielung schuldbewusste Manager, musste dreimal schlucken, bevor er fragen konnte: »Hmm … was kommt als Nächstes?«

»Das nächste Gebot lautet natürlich ›**Das Richtige tun zur richtigen Zeit**‹. Es hat unmittelbar mit dem Thema ›Priorität‹ zu tun. Es gibt den rechten Zeitpunkt für ein Treffen mit Kunden. Es gibt den rechten Zeitpunkt für einen Arztbesuch, wenn man ein gesundheitliches Problem hat. Da man natürlich nicht alles gleichzeitig bewältigen kann, steht ›Etwas zur richtigen Zeit tun‹ in direktem Zusammenhang mit vernünftiger Prioritätensetzung und guter Arbeitsqualität.«

Die Effektivitätstrainerin erinnerte sich: »Die Lieblingsrockband meines Vaters, ›The Byrds‹, hatte in ihrem Repertoire einen von Pete Seeger geschriebenen Song mit dem Titel ›Turn, Turn, Turn‹. Der Text lautete sinngemäß: ›Es hat alles seine Zeit und alles Tun unter dem Himmel hat seine Stunde. Geboren werden hat seine Zeit, Ster-

ben hat seine Zeit. Pflanzen hat seine Zeit und Ernten hat seine Zeit. Lachen hat seine Zeit, Weinen
hat seine Zeit.‹«

»Ich liebe diesen alten Song!«, sagte Bob mit
einem Lächeln.

Die CEO fuhr fort: »Es ist wichtig zu wissen,
wann etwas seine Zeit hat. Wenn ich ein Kind haben
möchte, wann wäre wohl der richtige Zeitpunkt, darüber nachzudenken? Wenn ich dreißig bin? Oder
wenn ich siebzig bin?«

»Natürlich mit dreißig.«

»Richtig. Und wenn unser Unternehmen nach-
haltig Erfolg haben soll, müssen alle unsere Führungskräfte dem richtigen Timing ihre besondere
Aufmerksamkeit widmen. Oftmals ist nicht einfach
nur Pünktlichkeit, sondern eine vorzeitige Erledigung bestimmter Aufgaben geboten. Ein Last-Minute-Manager mag Termine gerade noch einhalten,
aber eine wirklich effektive Führungskraft erreicht
ihre Ziele häufig vor der gesetzten Frist, so dass die
Ergebnisse optimiert – ja sogar perfektioniert werden können.«

»Sie sagen also, dass ein Zeitpolster die Möglichkeit bietet, ›mehr, besser, schneller, anders‹ und mit
geringerem Fehlerrisiko zu handeln?«

»Sie haben es erfasst, Bob! Unsere produktivsten
Leute werden verstehen müssen, dass einige Dinge
geschehen müssen, bevor andere Dinge geschehen
können – oder sollten. Sie werden das Gebot befol-

gen: ›**Das Richtige tun in der richtigen Reihen-folge**‹.«

»Mit anderen Worten, das Wichtigste zuerst?«, warf Bob ein.

»Exakt«, bestätigte die CEO. »Ein Bauherr lässt nicht eher den Dachstuhl eines Hauses aufrichten, bevor nicht die Wände hochgezogen sind, und die Wände können nicht hochgezogen werden, bevor nicht das Fundament gegossen ist. Das Fundament kann nicht gegossen werden, bevor nicht der Unter-grund planiert worden ist, und der Untergrund kann nicht planiert werden, bevor nicht die Bauleiter tätig geworden sind. Und die Bauleiter müssen sich nach den Bauplänen für das Haus richten, um den Boden exakt zu vermessen. Schließlich darf das Regenwas-ser nicht über die Auffahrt in die Garage fließen.«

»So ist es. All das habe ich selbst erlebt, als wir vor ein paar Jahren unser Haus gebaut haben«, pflich-tete Bob ihr bei.

»Folglich ist der erste Schritt immer die Erstel-lung eines Plans – einer Blaupause. So unmöglich es ist, ein Haus ohne Plan zu errichten, so unmöglich ist es, ein Unternehmen ohne Plan aufzubauen. In unserem Fall besteht der Plan aus unserer ›Unter-nehmensvision‹ – unserem Leitbild. Ich glaube, dass Last-Minute-Manager die Vision entweder nicht verstehen oder sie aus dem Blick verlieren. Zeit/Ziel-Manager hingegen orientieren sich immer an der Vision.«

»Ich fürchte, mit dieser so genannten ›Vision‹ kann ich nicht viel anfangen«, bekannte Bob.

»Was genau meinen Sie damit?«, fragte die Effektivitätstrainerin.

»Ich finde, wir haben eine gekünstelte, aufgeblasene, im Grunde nichts sagende Vision. Sie enthält Sätze wie ›Wir sehen es als unsere Aufgabe an, führender Lieferant in unserer Marktnische zu sein, indem wir unseren Kunden – zeitgerecht – technisch innovative Produkte und hervorragenden persönlichen Service bereitstellen.‹«

»Ich weiß, was Sie sagen wollen«, stimmte die CEO zu. »Manchmal habe ich den Eindruck, dass die Leute, die diese Sachen schreiben, einfach nur ein hochtrabendes Wort an das andere reihen und das Ganze dann Unternehmensvision nennen.«

»Das ist auch meiner Meinung nach der Grund, warum die Leute Schwierigkeiten haben, sich damit zu identifizieren«, sagte Bob.

»Meinen Sie also ›Je einfacher, desto besser‹?«

»Genau.«

»Dann habe ich für Sie ein Beispiel, das exakt hierzu passt. Die Feuerwehr von Phoenix, Arizona, ist eine der angesehensten Feuerwehren unseres Landes. Sie hat 1549 Angestellte, die zu etwa 128000 Einsätzen im Jahr gerufen werden; dennoch sind null Mitarbeiterbeschwerden pro Jahr die Norm, zwei im Jahr gelten geradezu als Beschwerdeflut.«

»Sensationell«, staunte Bob. »Wie schaffen die das?«

»Ein Verwandter von mir arbeitet bei der Feuerwehr. Er hat mir von seinem Chef, Alan Brunacini, erzählt, der seit über drei Jahrzehnten an der Spitze dieser Einheit steht. Eine seiner ersten Amtshandlungen war, die Hunderte von Regeln auf ein paar wesentliche zurückzustutzen, so dass sie auf ein einziges Blatt Papier passten. Als weitere wichtige Neuerung bekam jeder Mitarbeiter eine Karte, auf der sieben Richtlinien für den Einsatz der Feuerwehrleute standen, zusammen mit acht Grundsätzen für den Kundenservice.«

»Kundenservice? Was soll das heißen?«, wunderte sich Bob.

»Brunacini hat seinen Leuten eingeschärft, dass es ihre Aufgabe ist, Dienstleister für Menschen zu sein – nicht nur Retter von Gebäuden.«

»Scheint mir eine vernünftige Philosophie zu sein«, warf Bob ein.

»Zu den wichtigsten Entscheidungen Brunacinis gehörte, von dem Umfeld punitiver Verhaltensweisen – gemäß dem Motto ›Entweder Sie tun, was sich sage, oder Sie fliegen‹ – abzurücken und seiner Abteilung einen anderen Kurs vorzugeben: Tun, was man sagt. Die Mitglieder des Führungsteams wurden darauf trainiert, die Prinzipien, die sie vertreten, auch vorzuleben.«

»Sie mussten selbst praktizieren, was sie predigten, richtig?«

»Richtig.«

»Was hat dies alles mit der Unternehmensvision zu tun?«

»Die eigentliche Tat dieses Feuerwehrchefs war, die Vision seiner Abteilung auf fünf einfache Worte zu reduzieren: ›Schaden verhindern, überleben, freundlich sein.‹«

»Das ist deren Unternehmensvision? Mehr nicht?«

Die CEO lächelte. »Kurz und bündig. Aber sehen Sie nicht, was sich dahinter verbirgt? Große Teile der 3-P-Strategie. Die Prioritäten sind klar. ›Schaden verhindern‹ steht an erster Stelle. ›Überleben‹ kommt gleich danach. Und ›Freundlichkeit‹ ist für den Kundenservice entscheidend. Alles da – in nur fünf Worten.«

»Erstaunlich!« war das Einzige, was Bob als Antwort einfiel.

Die CEO fuhr fort: »Diese fünf Worte sagen auch etwas über Propretät aus. Die Feuerwehrleute von Phoenix tun das Richtige – Abwendung von Schaden –, aus den richtigen Gründen – Rettung von Leben. Sie tun es mit den richtigen Leuten – ihren Kameraden, die dieselbe Vision haben und ebenfalls Schaden abzuwenden suchen. Zweifellos tun sie es zur richtigen Zeit, aber sie tun es auch in der richtigen Reihenfolge. Ihre Gerätschaft wird ordentlich gewartet, was ihnen optimale Arbeit am Einsatzort ermöglicht. Wenn sie zu einem Löscheinsatz gerufen werden, setzen sie ihre Geräte richtig ein – um an erster Stelle Leben und an zweiter Gebäude zu retten. Feuerwehrleitern vor Feuerwehrspritzen.«

»Wirklich eine großartige Unternehmensvision für eine Feuerwehr«, meinte Bob anerkennend. »Aber warum ist unsere so saft- und kraftlos?«

»Ich bin froh, dass Sie diese Frage stellen, Bob. Wir werden unserem Unternehmen eine neue Vision geben, eine Vision, die nicht nur einen klaren Zweck oder eine Mission formuliert, sondern uns auch vermittelt, wohin die Reise geht: unser Bild von der Zukunft; und was uns auf unserer Reise leitet: unsere Werte. Und Sie selbst werden daran beteiligt sein.«

»Was meinen Sie damit?«

»Sie haben es selbst angedeutet, Bob: Wenn die Vision unklar oder verschwommen ist, sind auch die Ergebnisse dementsprechend. Menschen tendieren dazu, Dinge vor sich her zu schieben, wenn sie kein klares Bild davon haben, wer sie sind, wo sie im Augenblick stehen und wohin sie wollen. Es ist doch so: Wenn es ihnen an einer klar umrissenen Zielrichtung fehlt, haben sie keine Ahnung, ob der nächste Schritt – die nächste Aktivität, die sie unternehmen – sie auf diesem Weg weiterbringt.«

»Ich glaube, das leuchtet mir ein«, warf Bob ein. »Warum soll man etwas tun, wenn man sich nicht im Klaren ist, wie das Ergebnis aussehen soll? In dem Fall, glaube ich, würde ich mich etwas anderem zuwenden.«

»Richtig!«, stimmte die Effektivitätstrainerin zu, offensichtlich angetan von dem, was sie hörte. »Im Job sollte die Durchführung solcher Aufgaben höchste Priorität haben, die zur Unternehmensvision beitragen. Da die Anzahl der verfügbaren Stunden am Tag begrenzt ist, werden einige Aufgaben, die nicht der Verwirklichung der Vision dienen – einschließlich all der Fachzeitschriften, von denen wir gestern gesprochen haben – im Sinne einer Triage-Analyse von der Agenda gestrichen werden müssen.«

»Sie sagen also, dass wir eine klar definierte Vision für unser Unternehmen haben werden?«, staunte Bob, der allmählich den Durchblick bekommende Manager.

»Ganz sicher. Jeder Mitarbeiter wird bei ihrer Entwicklung involviert sein und damit die Möglichkeit bekommen, sich mit ihr zu identifizieren. Eine stringente Vision wird ihre Grundlagen in der Vergangenheit haben, ihren Fokus aber in der Zukunft. So wird der Zweck all dessen, was wir in der Gegenwart tun, darauf ausgerichtet sein, uns ins Morgen zu führen. Unsere Vision wird sich durch Einfachheit und begriffliche Klarheit auszeichnen. Mit ihrer Hilfe werden wir verstehen, *wer* wir sind, *warum* wir hier sind und *wohin* wir gehen. Wir wissen, dass in unserer Zukunft manches Feuer ausbrechen wird, also wissen wir, dass wir richtig gerüstet sein müssen, um es zu löschen.«

»Leuchtet mir ein. Aber ich bin neugierig, mehr

über die anderen Handlungsmaximen zu erfahren, und mich würde auch interessieren, wie sie alle ineinander greifen.«

Die CEO lächelte. »Bob, ich freue mich über Ihre Begeisterung für das, was wir hier tun.«

Bob lachte. »Ich muss begeistert sein. Es geht um meinen Job oder haben Sie das vergessen?«

Die CEO lächelte und sagte: »Das nächste Postulat lautet, wie Sie sich erinnern werden, ›**Das Richtige tun mit Intensität**‹.«

»Damit meinen Sie sicher: ›Bringen Sie sich mit Ihrem ganzem Herzen ein‹«, schlug Bob, der beschwingte Manager, vor.

»Auch das ist richtig! Intensität beinhaltet teils Begeisterung, teils Passion, teils Können und teils unerschütterliche Hingabe. Denken Sie an große Basketballstars, überragende Olympioniken, Golf- oder Tennischampions. Eine Niederlage – ein Rückschlag – hat niemals ein Nachlassen ihrer Intensität zur Folge. Weil sie begeistert, passioniert, trainiert und opferbereit sind, können ihnen Rückschläge nichts anhaben. Sie können hart attackiert werden und sofort wieder ins Spiel zurückfinden. Für Spieler, denen es an Intensität fehlt, kommt das Aus, sobald sie auf Hindernisse treffen.«

Bob dachte einen Augenblick lang nach. »Sie wollen vermutlich sagen: ›Wenn der Kampf härter wird, kommt die Stunde der härtesten Kämpfer‹.«

»Das ist natürlich das gängige Klischee. Aber meiner Meinung nach bedeutet Intensität, dass die ›härtesten Kämpfer‹ sowieso schon auf Hochtouren laufen; aber wenn es brenzlig wird, können sie noch zulegen und verfügen über genügend Kampfgeist, um die Hindernisse, die sich ihnen in den Weg stellen, zu überwinden.«

»Toll! So habe ich das noch nie gesehen«, bekannte Bob. »Ist ja fantastisch!«

»Ich freue mich, dass Sie mich verstehen. Ich bin überzeugt, dass Männer und Frauen nicht von den Verhältnissen geprägt werden, sondern dass sie selbst die Verhältnisse prägen. Last-Minute-Manager lassen es zu, dass etwas mit ihnen geschieht, wohingegen Zeit/Ziel-Manager das Geschehen selbst aktiv steuern.«

Bob war verwirrt. »Okay, und wie machen die das?«

»Ich glaube, es gibt vier Schlüsselfaktoren:
- Sie führen durch ihr gutes Vorbild.
- Sie stellen sich in den Dienst anderer.
- Sie bitten um die Dinge, die sie von anderen brauchen.
- Sie begrüßen und schätzen die Beiträge anderer.

»Hier ein Beispiel. Ich bin Football-Fan. Und ich habe bemerkt, dass ein guter Quarterback der *National Football League* all diese Dinge in einer Zeitspanne von zwanzig oder dreißig Sekunden fertig bringt.«

»Ich schaue mir zwar auch oft Football-Spiele an«, sagte Bob, »aber ich fürchte, jetzt kann ich Ihnen nicht mehr folgen.«

»Ich habe es unzählige Male beobachtet. Ein Quarterback ist durch eine Gegenattacke zu Boden gerissen worden, wodurch es zu einem großen Raumverlust seiner Mannschaft gekommen ist. Er wurde hart gecheckt. Er hat Schmerzen. Aber er geht direkt zurück zur Spielerbesprechung und instruiert die anderen zehn Mannschaftskameraden, was er beim nächsten Angriffsversuch von ihnen erwartet. Er eröffnet den Spielzug, übergibt den Ball an den Running Back und muss dann möglicherweise sogar selbst einen Gegenspieler blocken, um dem Running Back Raum zu verschaffen, damit dieser wertvolle Yards gewinnen kann. Wenn der Pfiff des Schiedsrichters eine Spielunterbrechung anzeigt, dankt er seinen Mitspielern für ihren Einsatz und ein neuer Spielzug beginnt.«

Ich bin baff! Klingt so, als ob die CEO tatsächlich auch noch ein anderes Leben hätte, dachte Bob. Laut aber bekannte er: »Ein paar zusätzliche Erklärungen wären nicht schlecht.«

»Mir scheint, für wirklich erfolgreiche Quarterbacks ist der Sieg das ultimative Ziel, aber sie sehen auch jeden einzelnen Spielzug als Teil des Sieges. Ein Spielzug, der den Ball ein paar Yards weiter das Spielfeld hinunter in Richtung auf das im Augenblick angestrebte Teilziel – einen Touchdown – befördert, trägt zum Sieg bei. Aber wenn es keinen Raumgewinn gibt oder wenn es zu einem Ballverlust kommt – oder noch schlimmer zu einem Penalty – ...«

»Dann kommt man dem Ziel kein Stück näher«, folgerte Bob triumphierend.

»Wiederum richtig«, pflichtete die CEO bei. »Beim nächsten Ballbesitz bekommen sie eine neue Chance, um Punkte zu machen. Nie verlieren sie ihre Intensität. Und durch ihr eigenes intensives Spiel inspirieren sie die Mannschaftskameraden, ebenfalls ihr Bestes zu geben.«

»Jetzt verstehe ich!«, versicherte Bob. »Last-Minute-Manager sind so auf den unmittelbaren Augenblick fokussiert, dass sie das große Ganze aus den Augen verlieren. Die kleinen Niederlagen schwächen ihre Intensität und untergraben ihre Leistungsbereitschaft. Intensive Spieler sind auf den großen Gesamtplan des Spiels fokussiert. Sie kommen immer wieder ins Spiel zurück, entschlossen, das Team auf das ultimative Ziel hinzuführen – auf den Sieg.«

»Sie haben es verstanden. Und ich habe registriert, dass Sie ›die Spieler‹ und nicht ›der Spieler‹ gesagt haben. Sie haben offensichtlich erkannt, dass kein Quarterback, mag er noch so talentiert sein, ein Spiel allein gewinnen kann. Und kein Team, mag es noch so versiert und engagiert sein, kann ohne einen guten Quarterback den Sieg nach Hause tragen.«

»Sie wollen sicher damit sagen, dass Intensität Teil einer gemeinsamen Vision sein muss.«

Der CEO gefiel, was sie hörte. »Exakt! Ich finde, Sie sind so weit, dass wir uns der nächsten Handlungsmaxime zuwenden können. Und die lautet: ›**Das Richtige tun mit Blick auf die richtigen Ergebnisse**‹.«

Bobs fragender Gesichtsausdruck war auch jetzt das Signal für die Effektivitätstrainerin, mit ihren Ausführungen fortzufahren.

»Würde Ihnen der Gedanke gefallen, dass Sie dank Ihrer Existenz unsere Welt ein ganz klein wenig verbessern können, Bob?«

»Ja! Natürlich! Und mir ist klar, dass die Entscheidungen, die ich im Zuge meiner Interaktion mit anderen Menschen tagtäglich zu treffen habe, Einfluss darauf haben, ob ich dieses Ziel erreichen kann.«

»Eine hervorragende Sichtweise. Aber schauen wir uns die entgegengesetzte Seite an, Bob. Zu den zwiespältigsten Situationen, die ein Unternehmen zu bewältigen hat, zählen Entlassungen. Schließlich möchte keine Führungskraft, die das Richtige mit Blick auf die richtigen Ergebnisse zu tun gedenkt, loyalen Mitarbeitern ihren Arbeitsplatz nehmen.«

»Eine schwere Entscheidung«, stimmte Bob zu.

»Und dennoch: Wenn ein Unternehmen – oder auch nur eine Abteilung – Verluste erwirtschaftet und wenn die Verluste das Unternehmen schließlich in den Ruin treiben, würden Sie dann nicht besser ein paar Leute entlassen, um die Arbeitsplätze von vielen zu retten? Oder würden Sie alles beim Alten belassen und auf eine Wende zum Besseren hoffen?«

Bob dachte einen Moment über die Frage nach und kam dann zu dem Schluss: »Wie gesagt, eine schwierige Entscheidung.«

»Okay, machen wir sie noch schwieriger. Nehmen wir einmal an, das Unternehmen könnte auch ohne personelle Einschnitte am Ende überleben. Aber was wäre, wenn es eine Gruppe ärgerlicher Aktionäre gäbe, die auf der Hauptversammlung drastische Maßnahmen von uns forderten?«

»Nichts leichter als das. Die Jobs unserer Mitarbeiter sind selbstverständlich wichtiger als die Besorgnisse unserer Aktionäre.«

»Guter Gedanke«, konzedierte die CEO. »Aber was, wenn einer der Aktionäre ein älterer Mensch ist – vielleicht Ihre Mutter oder Ihr Vater –, der darauf zählt, dass er dank seines Investments in diese Aktie beruhigt seinen Lebensabend genießen kann? Was dann? Wie werden sich Entlassungen oder Nicht-Entlassungen auf das Ergebnis auswirken?«

»Das weiß ich nicht«, gestand Bob ein.

»Ich weiß es ebenso wenig. Verstehen Sie, alles greift ineinander. Um das Problem zu lösen, müssen Sie alle ›richtigen‹ Maximen zu einer zeit- und zielbewussten Entscheidung zusammenfügen. Ein Last-

Minute-Manager wird durch Angst gelähmt, in der Regel durch die *Angst vor der falschen Entscheidung.* Also schiebt er sie vor sich her – vermeidet überhaupt jede Entscheidung – möglicherweise zum Schaden aller. Die Folge könnte sein, dass ein paar Mitarbeiter zu spät entlassen werden, die Erholung der Aktie zu spät erfolgt, ein verheerender Vertrauensverlust gegenüber dem Unternehmen entsteht, das Unternehmen bankrott geht und schließlich unsere Mutter oder unser Vater jeden in die Aktie investierten Cent verliert. Etwas auf die lange Bank zu schieben mündet in einer Katastrophe.«

»Es greift tatsächlich alles ineinander!«

»So ist es«, sagte die CEO. »Deshalb besteht Ihre Aufgabe für morgen darin, herauszuarbeiten, was in dieser Situation zu tun ist. Bestimmen Sie Ihre Prioritäten und dann gehen Sie die Maximen angemessenen Handelns durch. Ich bin sicher, Sie werden mit einem großartigen Plan aufwarten.«

Damit stand sie auf und geleitete ihn zu Tür.

»Was ist mit dem dritten P?«, fasste sich Bob ein Herz zu fragen. »Darüber haben Sie mir noch gar nichts erzählt. Könnte es mir meine Entscheidung nicht erleichtern?«

»Vielleicht. Aber im Augenblick ist das nicht der richtige Zeitpunkt. Ihre Aufgabe besteht darin, eigene Überlegungen anzustellen. Erst wenn Ihre Antwort vorliegt, soll Ihnen das dritte P Anhaltspunkte liefern, was zu tun ist.«

Das finde ich nicht gerade fair, murrte Bob, der solcherart vertröstete Manager, vor sich hin, als er das Büro der CEO verließ. *Es wäre sicher hilfreich, wenn ich über das dritte P Bescheid wüsste.*

8

TIEF IN GEDANKEN

Auf der Heimfahrt dachte Bob über all das nach, was er tagsüber mit der Effektivitätstrainerin diskutiert hatte. *Wie kann mir die richtige und ausgewogene Anwendung der Handlungsmaximen bei der Lösung des Problems helfen, das mir die CEO aufgetragen hat?*, fragte er sich. *Und wie lässt sich mit ihrer Hilfe* jedes *Problem lösen?*

Knapp einen Kilometer weiter fuhr Bob an einem großen Plakat vorbei, auf dem in großen Lettern »11. September 2001« und »Unvergesslich« stand. Normalerweise wäre ein Ereignis, das schon so lange her ist, längst in Vergessenheit geraten, doch jener schreckliche Tag war Bob noch so lebhaft in Erinnerung, als ob es gestern gewesen wäre.

»Genau«, rief er plötzlich laut aus, als er an das tapfere Verhalten von Todd Beamer, Jeremy Glick, Tom Burnett und anderen auf dem Flug *United Airlines Flight 93* dachte. *Ein perfektes Beispiel für unsere Handlungsmaximen – das Richtige tun, aus den richtigen Gründen, mit den richtigen Leuten, zur richtigen Zeit, in der richtigen Reihenfolge, mit ungeheuer großer Entschlusskraft und Intensität, mit Blick auf das richtige Ergebnis!*

Bob rekonstruierte die Ereignisse auf jenem fatalen Flug. Die Passagiere hatten das Richtige getan – sie ließen das Flugzeug abstürzen, um zahllose weitere Menschenleben zu retten. Sie hatten aus den richtigen Gründen gehandelt, sie hatten sich mit den richtigen Leuten zusammengetan und sie waren zur richtigen Zeit aktiv geworden – weitab von dicht besiedelten Gebieten und weit genug vom eigentlich angesteuerten Ziel entfernt. Sie hatten in der richtigen Reihenfolge gehandelt: Sie hatten ihre Allianz gebildet, hatten einen Plan abgesprochen und waren dann in Aktion getreten. Und sie hatten aus den richtigen Gründen gehandelt, wenngleich ihr tragischer Tod dies zu widerlegen scheint.

Hätten sie bei ihrer Entscheidungsfindung oder in ihrem Handeln gezögert – wären ausschließlich »Last-Minute-Bobs« bei jenem Flug an Bord gewesen –, das Ergebnis wäre wahrscheinlich anders ausgefallen. Das Flugzeug hätte über dem Weißen Haus oder über dem Kapitol abstürzen können und damit die Regierung der USA lahm gelegt. Stattdessen wurden zeit- und zielbewusste Entscheidungen getroffen – aber um welch einen Preis! Ein wahrlich selbstloser Einsatz tapferer Passagiere!

Bob dachte über andere Ereignisse aus jüngster Zeit nach, die Schlagzeilen gemacht hatten. Er dachte an all die Männer und Frauen, die Falsches mit den falschen Leuten und aus den falschen Gründen getan hatten.

Allmählich erkenne ich, wie mir die Festlegung von Prioritäten und deren Abklärung anhand der Maximen angemessenen Handelns dazu verhelfen könnten, ein zeit- und zielbewusster Mensch zu werden, dachte Bob. *Aber bedeutet dies, dass ich meinen Hang zum Hinausschieben – meine Tendenz zum Last-Minute-Manager – auch wirklich überwinden kann? Aha, da haben wir es! Ich habe zugegeben, dass ich ein Last-Minute-Manager bin.*

»Na, wie war es denn heute mit deiner Effektivitätstrainerin?«

Bob, der gelegentlich scharfsichtige Manager, wusste sehr wohl, dass seine Frau diese und keine andere Frage stellen würde, wenn er zur Tür hereinkam.

»Prima«, beruhigte er sie. »Aber ich habe heute noch eine schwierige Aufgabe zu erledigen, und zwar nichts Geringeres, als unser Unternehmen trotz Millionen-Dollar-Verluste am Laufen zu halten, zu garantieren, dass keine Mitarbeiter entlassen werden, und dafür zu sorgen, dass meine Frau Mama mit den Aktien, die sie in das Unternehmen investiert hat, kein Geld verliert.«

»Deine Mutter besitzt Aktien in deinem Unternehmen?« Bobs Frau war nun doch einigermaßen verwirrt.

»Nein, natürlich nicht. Und wir fahren derzeit auch keine Verluste in Millionenhöhe ein. Und Wunder kann ich auch nicht vollbringen. Aber mit dem, was ich gerade lerne, könnte mir selbst das eines Tages gelingen!«

Bob ging in sein Arbeitszimmer, nahm einen DIN-A4-Schreibblock und notierte:

Probleme

- Unternehmen verliert Geld.
- Aktionäre sind verärgert.

Lösungsmöglichkeiten

- Mitarbeiter entlassen; Kosten senken.
- Umsätze/Erlöse durch Eroberung neuer Märkte mit verbesserten Produkten und Kundendienstleistungen erhöhen.
- Mit einem Konkurrenten fusionieren.

Mögliche Ergebnisse

- Die Kostensenkungen retten das Unternehmen.
- Das Unternehmen vollzieht eine spektakuläre Wende, indem es neue Märkte erobert und neue Produkte einführt.
- Die Fusion rettet das Unternehmen.
- Trotz aller Bemühungen fallen die Aktienkurse, mit der Folge umfangreicher Aktienverkäufe und Vertrauenseinbruch seitens der Kunden.
- Das Unternehmen geht pleite. Alle verlieren ihren Arbeitsplatz.

Bob, dem plötzlich aufmerksam gewordenen Manager, widerfuhr eine fast übernatürliche Offenbarung: *Es gibt nur zwei Probleme, aber drei Lösungsmöglichkeiten und fünf mögliche Ergebnisse! Wenn das keine Chance ist! Das müsste zu schaffen sein!*

Was Bob nicht sofort erkannte, war der Umstand, dass zwar beide Probleme, aber nur ein Teil der Lösungen und Ergebnisse negativ waren. Nachdem er die Situation schließlich erfasst hatte, holte er seine Notizen hervor und versuchte nach besten Kräften, die dahinter steckenden Konzepte zur Anwendung zu bringen. Die Notiz ganz oben lautete:

PRIORITÄT: Prioritäten verändern sich. Wissen, was wann zu tun ist. Triage-Analyse der anstehenden Aufgaben.

Diese Strategie löst das erste Problem, das notorische Aufschiebetaktiker heraufbeschwören: VERSPÄTUNG.

PROPRETÄT: Maximen angemessenen Handelns.
* Das Richtige tun.
* Das Richtige tun aus den richtigen Gründen.
* Das Richtige tun mit den richtigen Leuten.
* Das Richtige tun zur richtigen Zeit.
* Das Richtige tun in der richtigen Reihenfolge.
* Das Richtige tun mit Intensität.
* Das Richtige tun mit Blick auf die richtigen Ergebnisse.

Diese Strategie löst das zweite Problem, das notorische Aufschiebetaktiker verursachen: SCHLECHTE ARBEITSQUALITÄT.

Bob dachte über die Prioritäten nach. *Ich glaube, dass dieses Unternehmen nach wie vor ein wertvolles Produkt und gute Dienstleistungen zu bieten hat. Und es bietet guten Leuten gute Arbeitsplätze. Meine Priorität wäre also, einen Beitrag zur finanziellen Stabilität des Unternehmens zu leisten, damit es weiterhin Produkte, Dienstleistungen und Arbeitsplätze bereitstellen kann.*

Mit diesen Gedanken im Hinterkopf wendete sich Bob dem Thema Proprietät zu.

»Das Richtige tun.« *Hmmm. Ich glaube, das Richtige wäre, so viele Mitarbeiter wie möglich weiterzubeschäftigen – unter Abwägung dessen, was für die Kunden und Aktionäre des Unternehmens das Richtige ist.*

Daraufhin ging dem Last-Minute-Bob ein merkwürdig zielgerichteter Gedanke durch den Kopf. *Wenn ich als Vorsitzender oder CFO dieses Unternehmens einen Großteil meiner Zeit mit der Lektüre von Fachzeitschriften und der Erledigung anderer nicht besonders vordringlicher Aktivitäten verbracht hätte, wäre mir entgangen, wohin der Trend ging. Wenn ich aber dem Trend auf die Spur gekommen wäre, hätte ich vielleicht die negative Entwicklung kommen sehen und das Problem zumindest teilweise durch natürliche Personalabgänge – Pensionierung und vorzeitiges Ausscheiden – lösen können. Aufschiebetaktiken hätten meine Situation noch verschlimmern können. Interessant, wie eng Priorität und die Maximen angemessenen Handelns miteinander verbunden sind.*

Bob ging zum nächsten – schon etwas schwierigeren – Punkt über: »**Das Richtige tun aus den richtigen Gründen.**« *Arbeitsplatzsicherheit*, überlegte er, *ist ganz gewiss ein richtiger Grund, aber ein noch wichtigerer Grund ist die Sicherung der finanziellen Zukunft der Mitarbeiter des Unternehmens und seiner Investoren.*

Bobs Blick fiel auf die nächste Maxime: »**Das Richtige tun mit den richtigen Leuten.**« *Ich bin sicher, dass wir alle irgendwann einmal die richtigen Leute gewesen sein müssen, denn sonst wären wir ja nicht eingestellt worden. Was soll das Unternehmen also tun? Das Kostenproblem durch natürliche Personalabgänge lösen? Würde das allein schnell genug Wirkung zeigen? Oder soll das Unternehmen Möglichkeiten für einen vorzeitigen Ruhestand anbieten? Hier kommen Menschen und Lebensentwürfe ins Spiel. Das sind wirklich schwierige Fragen!*

Bob machte sich noch ein paar Notizen und kam zum nächsten Punkt: »**Das Richtige tun zur richtigen Zeit**«. *Wie mir scheint, schiebt ein Last-Minute-Manager Entscheidungen so lange auf, bis es zu spät ist. Welche Entscheidung ich in einer gegebenen Situation auch treffe – ich muss zur richtigen Zeit handeln. Heißt das, dass ich sofort handeln muss? Oder kann ich gelegentlich auch abwarten in der Hoffnung, dass sich die Situation noch ändert?*

Die Antwort könnte die nächste Maxime liefern, dachte Bob. »**Das Richtige tun in der richtigen Reihenfolge.**« *Die richtige Reihenfolge könnte so aussehen: Fokussierung auf Umsätze, Kürzung von Managergehältern und Vergünstigungen als klares Zeichen dafür, dass es dem Unternehmen ernst ist, Berücksichtigung eventueller natürlicher Personalabgänge und, als Maßnahme letzter Wahl, hier und dort Entlassungen.*

Bob arbeitete die noch verbliebenen Handlungsmaximen durch: »**Das Richtige tun mit Intensität**« und »**Das Richtige tun mit Blick auf die richtigen Ergebnisse**«. Dann tippte er seinen Plan in den Computer ein. Er war zuversichtlich, dass die Effektivitätstrainerin von seiner sorgfältigen Ausarbeitung angetan sein würde.

Was wohl das dritte P ist?, fragte er sich am nächsten Morgen auf der Fahrt zur Arbeit – zu seiner nächsten CEO-Verabredung.

9

WAS SIND SCHON BUCHSTABEN!

»Dann wollen wir mal schauen«, sagte die Effektivitätstrainerin, als Bob ihr seinen wohl überlegten Plan überreichte. In gespannter Stille vergingen einige Augenblicke, derweil die CEO das Dokument überflog.

Hoffentlich habe ich nicht so viele Tippfehler gemacht, dachte er.

Schließlich brach die CEO das Schweigen. »Ein ganz solider Plan.«

Bob, der augenblicklich zuversichtlichere Manager, strahlte. »Schön, dass er Ihnen gefällt.«

»Allerdings ist da noch etwas, was ich gern wüsste.«

Oh oh, dachte Bob. »Und was ist das?«, fragte er laut.

»Wenn Sie Chef unseres Unternehmens wären, wie würden Sie denn jetzt vorgehen wollen?«

»Ich würde den Plan Schritt für Schritt abwickeln.«

»Was aber, wenn nicht alles so funktioniert, wie Sie es sich gedacht haben?«

»Dann würde ich den Plan ändern, denke ich. Revidieren. Irgendwas anders machen.«

»So würden wohl die meisten Manager vorgehen«, stimmte die Effektivitätstrainerin zu. »Aber es
gibt noch eine andere Option. Und zwar das dritte P
in der 3-P-Strategie.«

Nur zu!, dachte Bob. *Ich bin gespannt, was das dritte
P ist!*

Wieder verdunkelte sich der Raum. Wieder fiel
die Leinwand von der Decke herab. Wieder wurde
die Musik lauter und der Videoprojektor warf ein
Bild auf die Leinwand. Wieder tanzte das »Wort des
Augenblicks« vor Bobs Augen und stabilisierte sich
auf der Leinwand, eingemeißelt in eine Steintafel.

»Engagement«

Das war das Wort, das auf der Leinwand stand.
Sonst nichts. Nur dieses eine Wort.

Nicht »Performance« oder »Passion« oder »Prä-
zision« oder »Perfektion«. Nicht »Privileg« oder
»Prämisse« oder »Partizipation«.

Nein, dieses Wort begann eindeutig mit dem
Buchstaben »E«. Seit dem Beginn sprachhistorischer
Aufzeichnungen hat am Anfang des Wortes »Enga-
gement« ein »E« gestanden.

»Wie kommt es, dass das dritte P mit einem ›E‹
beginnt?«, wollte Bob wissen.

Die Effektivitätstrainerin hatte diese Frage schon
mehr als einmal gehört. »Das ist eine Gedächtnis-
stütze«, antwortete sie. »Ich habe versucht, ein Wort
mit einem P am Anfang zu finden, um das 3-P-Kon-
zept abzurunden, aber das einzige Wort, das mir in

den Zusammenhang passt, beginnt mit einem ›E‹. Das hängt mit meinem Dad zusammen. Hätte der nämlich begriffen, dass Gesundheit Priorität hat, und hätte er erkannt, dass man das Richtige aus den richtigen Gründen mit den richtigen Partnern tun muss, um die richtigen Ergebnisse zu erzielen, dann wäre vielleicht alles ganz anders gekommen. Aber für seine eigenen gesundheitlichen Belange hat er sich nie engagiert.«

»Sie wollen also sagen, dass es wirklich kein passendes drittes Wort gibt, das mit einem ›P‹ beginnt?«, fragte Bob, der höflich ungläubige Manager.

»Ich habe drei Wörterbücher konsultiert und kein einziges Wort gefunden, das genau das ausdrückt, was hier gemeint ist. Außerdem – würden Sie drei Begriffe mit demselben Anfangsbuchstaben ›P‹ genauso eingängig finden?«

»Sie haben Recht. Wahrscheinlich nicht. Aber die drei Ps als *Priorität*, *Propretät* und *Engagement* werde ich bestimmt nie vergessen.«

»Ich weiß, es klingt etwas weit hergeholt«, gab die CEO zu, »aber Engagement ist ein solch integraler Bestandteil des Gesamtkonzepts, dass es besondere Aufmerksamkeit verdient.«

»Ich kenne eine Menge engagierter Leute«, warf Bob ein, »aber manche von ihnen engagieren sich auch für Dinge, die gar nicht wichtig sind.«

»Hervorragend beobachtet«, sagte die CEO. »Ich glaube sogar, dass es sich bei Menschen, deren Leben besonders tragisch verläuft, meist um solche Leute handelt, die sich für unwichtige oder falsche Dinge engagieren. Die Seiten des *Guinness Book of World Records* sind randvoll mit Leistungen engagierter Leute, die beispielsweise das größte Knäuel Garn der Welt ihr Eigen nennen oder die größte Menge Metall verspeist haben. Und die Seiten unserer Geschichtsbücher und Zeitungen von heute berichten von Menschen, deren Engagement ungerechten Zielen oder sinnloser Gewalt dient. Es gibt engagierte Drogenhändler, engagierte Terroristen und engagierte Rassisten.«

»Das hat doch bestimmt etwas mit Aufschiebetaktik zu tun«, vermutete Bob.

»Sicher. Aufschiebetaktiker geraten häufig deshalb in Schwierigkeiten, weil sie nicht in der Lage sind, zwischen wichtigen und unwichtigen beziehungsweise zwischen ehrenhaften und unehrenhaften Vorhaben zu unterscheiden.«

»Die Unterscheidung ist wohl nur mithilfe der Maximen angemessenen Handelns möglich«, meinte Bob.

»Da haben Sie völlig Recht, Bob. Doch was viele Leute dabei nicht begreifen, ist der Unterschied zwischen ›interessiert‹ und ›engagiert‹. Ein interessierter Mensch – zum Beispiel einer, der an sportlicher Ertüchtigung und Fitness interessiert ist – kann alle möglichen Entschuldigungen ins Feld führen, warum gerade heute nicht der richtige Tag für

Sport ist. Ein engagierter Mensch hingegen kennt keine Entschuldigung. Engagement bedeutet, dass etwas getan werden muss, ohne Wenn und Aber. Last-Minute-Manager, die den Unterschied zwischen Engagement und Interesse nicht kennen, handeln sich selbst und den Leuten, die sich auf sie verlassen, eine Menge Stress ein.«

»Ich verstehe, was Sie meinen. Interesse führt nicht notwendigerweise zum Handeln, während Engagement unweigerlich Aktion bedeutet.«

Die Effektivitätstrainerin nickte zustimmend, öffnete eine Schreibtischschublade, zog einen Umschlag heraus und überreichte ihn Bob.

»Das ist schon fast Ihre letzte Aufgabe«, sagte sie. »Schon bald werden Sie in Eigenregie darangehen, die 3-P-Strategie in die Praxis umzusetzen.«

»Kann ich trotzdem noch zu Ihnen kommen, wenn ich Probleme habe?«, fragte Bob.

»Natürlich. Planen Sie ein wenig Zeit für diese Aufgabe ein und morgen sehen wir uns zur gleichen Zeit wieder.«

»Wird gemacht. Bis morgen!«

10

NOCH EINE SCHLAFLOSE NACHT

»Ich weiß, das ist kein Zuckerschlecken«, meinte Bobs Frau aufmunternd, nachdem er ihr erklärt hatte, er müsse noch eine Aufgabe bearbeiten. »Wir haben doch beide immer gesagt, die besten Dinge im Leben seien die Arbeit wert, die wir darin investieren. Ich weiß, dass unsere Kinder nicht zuletzt deshalb so gut geraten sind, weil du so hart gearbeitet hast, um in deinem Beruf voranzukommen; nur so konnte ich meinen Job im Immobiliengeschäft aufgeben und vollzeitig Mutter sein.«

»Wünschst du dir manchmal, wir hätten unsere Kinder schon in unseren Zwanzigern und nicht erst mit Mitte Dreißig bekommen, damit du dann deine Karrierepläne hättest weiterverfolgen können?«, fragte Bob, der vorsätzliche Last-Minute-Erzeuger.

»Nicht eine Sekunde!«, erwiderte Bobs Frau. »Zugegeben, manchmal beneide ich andere Frauen, die während des Heranwachsens ihrer Kinder eine tolle Karriere gemacht haben, aber umgekehrt beneiden die mich um die viele – zusätzliche – Zeit, die ich mit unseren Kindern verbringen konnte. Es hat eben alles seine Vor- und Nachteile.«

»Das ist wohl wahr. Und mein Kompromiss sieht jetzt so aus, dass ich auf die Sportübertragung verzichte und mich stattdessen dem Inhalt dieses geheimnisvollen Umschlags widme.«

Heute war Bob, der gelegentliche Gourmet-Koch, mit dem Zubereiten des Abendessens an der Reihe: Er hatte sich für seinen berühmten »Caesar's Salad« entschieden. Aber die Eier mussten schon etwas älteren Datums gewesen sein, denn die Sauce war ihm nicht so kremig gelungen wie sonst.

Nach dem Abendessen ging Bob in sein Arbeitszimmer und öffnete den Umschlag. Er las eine kurze, aber beeindruckende Geschichte:

Die Absolventen eines kleinstädtischen Gymnasiums trafen sich an ihrem einstigen Heimatort, um ihr Zehnjähriges zu feiern.

Eine der Ehemaligen forderte die anderen auf, folgende einfache Frage zu beantworten: »Wer hat während eurer Schulzeit den größten Einfluss auf euer Leben ausgeübt?«

Eigentlich hatte sie unterschiedliche Antworten erwartet – der Direktor, ein Trainer, ein Vertrauenslehrer; aber einer war eindeutig der Favorit:

Der Hausmeister.

Der Grund?

Tagein, tagaus, nachdem alle nach Hause gegangen waren, machte der Hausmeister die Klassenräume sauber und putzte die Tafeln. Und dann schrieb der Mann, der es nur bis zur vierten Klasse geschafft hatte, drei schlichte und obendrein falsch buchstabierte Wörter in die obere linke Ecke der geputzten Tafel: »MAN MUSSES WOLLN.«

Dieser Hausmeister hatte viele Schülergenerationen zum »wolln« gebracht. Aber der Satz wirft eine Reihe von Fragen auf:

»Was will man tun ›wolln‹?«

Und: »Warum will man es tun ›wolln‹?«

Bob dachte ein paar Minuten über die Geschichte nach. Dann putzte er sich die Zähne und ging zu Bett. Da lag er nun, hellwach, und fragte sich ein ums andere Mal: *Was will ich tun? Und warum will ich es tun?*

Am nächsten Tag erschien Bob, der übernächtigte Manager, volle zwei Minuten vor der Zeit im CEO-Büro und ließ sich auf den nächsten Stuhl fallen.

»Ich sage ihr, dass Sie hier sind«, erklärte die Sekretärin der Effektivitätstrainerin bereitwillig. »Aber nur, wenn Sie *wirklich* hier sind.«

Bob schaute sie erstaunt an.

Sie lächelte und sagte: »Sie müssen im ›Prozess‹ am Punkt ›man musses wolln‹ angelangt sein.«

»Woher wissen Sie das?«

»Das beschäftigt alle derart, dass sie die ganze Nacht darüber grübeln«, erwiderte sie. »Ich habe das in den letzten zwei Wochen schon vier Mal erlebt.«

Wie vielen Leuten die CEO diese Tortur wohl angedeihen lässt?

Die Effektivitätstrainerin begrüßte Bob und führte ihn in ihr Büro. Intuitiv wusste Bob, dass dies die Endphase des »Prozesses« sein würde.

»Nun, was meinen Sie?«, begann sie.

»Ich denke, ich muss es ›wolln‹«, antwortete Bob einigermaßen lahm.

»Sie dürfen nicht nur denken, dass Sie etwas wollen; Sie müssen es *wirklich tun wollen*. Darum geht es beim dritten P. Es geht um Ihr Engagement. Einer von den klugen Sprüchen, die ich ausgegraben habe, stammt aus der Bibel: ›Alles, was dir vor die Hände kommt, es zu tun mit deiner Kraft, das tu.‹«

»Eine großartige Leitidee. Aber was genau erwartet das Management in unserem Unternehmen von mir – wofür soll ich mich denn engagieren?«

Die CEO wählte ihre Antwort mit Bedacht. »Wir erwarten gar nichts. Wir hoffen nur. Wir hoffen nämlich, dass Sie sich die 3-P-Strategie zu Eigen machen und jeden Tag praktizieren. Und darüber hinaus hoffen wir, dass Sie sich für sich und für Ihre Familie engagieren. Wenn Ihr Job Sie Ihrer eigenen Familie und Ihren Träumen entfremdet, engagieren Sie sich für die falschen Prioritäten.«

»Sie wollen damit sagen, dass meine Familie und ich oberste Priorität in meinem Leben haben sollten?«

»So ist es.«

»Ich habe eigentlich immer gedacht, im Geschäftsleben kommt erst das Unternehmen und dann die Familie.«

»In meinem Leben kommt Gott an erster Stelle, meine Familie und Freunde an zweiter Stelle und mein Beruf an dritter. Wenn irgendetwas bei der Arbeit nicht so gut läuft, wie ich es möchte, bleibt mir immer noch eine ganze Menge. Für Leute, die ihren Selbstwert ausschließlich aus ihrer Arbeit ableiten, wirkt negatives Feedback vernichtend, selbst dann, wenn es konstruktiv gemeint ist. Warum? Weil sie glauben, dass ihre Identität nur durch ihre Arbeit bestimmt wird. Dadurch gerät ihr Berufsleben zu erheblichem Stress. Wenn es in ihrem Leben aber noch höhere Prioritäten gibt, spielt der Beruf zwar eine wichtige Rolle – aber keine ausschließliche. Das relativiert einiges. Und baut Stress ab.«

»Ich sehe ein, dass Ihre Perspektive Sinn macht. Wenn ›die Karriere‹ ganz oben auf der Liste stünde, könnte das Leben ziemlich oberflächlich und unbefriedigend verlaufen.«

»Da haben Sie wirklich Recht, Bob. Für mich persönlich bedeutet das dritte P:

- Engagement: Verantwortung gegenüber Gott
- Engagement: Verpflichtung für die Familie
- Engagement: Festlegung von Prioritäten
- Engagement: Bindung an die Maximen angemessenen Handelns (sprich: Propretät)

* Engagement: Verfolgung des Lebenszwecks
* Engagement: persönlicher Einsatz für Ideale
* Engagement: Verwirklichung von Zielen
* Engagement: Wahrung von Integrität
* Engagement: Eintreten für die Wahrheit
* Engagement: Beharrlichkeit und Nachhaltigkeit.«

Bob dachte darüber nach, was die CEO gerade gesagt hatte. »Unsere Gespräche haben mir die Augen geöffnet für vieles, was ich nie zuvor bedacht habe. Ich sehe, dass Sie voll und ganz hinter Ihrer Engagement-Liste stehen. Ich begreife allmählich, warum all dies wichtig ist, auch wenn ich in spirituellen Dingen nicht sonderlich firm bin. Hin und wieder gehe ich auch mal in die Kirche, aber ich wäre nicht darauf gekommen, Gott auf meine Prioritätenliste zu setzen. Allerdings glaube ich, dass ich jetzt in der Lage bin, selbst eine Liste aufzustellen, die meine persönlichen Prioritäten, mein Verständnis von angemessenem Handeln und mein Engagement für das, worauf es wirklich ankommt, zum Ausdruck bringt.«

»Das glaube ich auch. Alle zeit- und zielbewussten Manager verstehen die Komponenten der 3-P-Strategie und wenden sie in ihrem täglichen Leben an. Ganz offensichtlich sind Sie auf dem besten Weg, die volle Bedeutung dieser Strategie zu erfassen und in ihrer Tragweite auf Ihre Ergebnisse abzuschätzen.«

Die Effektivitätstrainerin öffnete den Aktenschrank

hinter ihrem Schreibtisch und zog einen weiteren DIN-A4-Umschlag heraus. Diesen überreichte sie einem leicht konsternierten Bob mit den Worten: »Dies hier ist die letzte Aufgabe! Ich habe sehr den Eindruck, dass Ihre Bewährungszeit schon recht bald zu Ende ist.«

Bob suchte seine Begeisterung mühsam zu verbergen, aber das war nicht möglich. »Wirklich? Toll! Wann soll ich morgen wiederkommen?«

»Wie wär's mit 1 Uhr mittags? Am Vormittag beginne ich nämlich den ›Prozess‹ mit einem neuen Kandidaten.«

»Also um eins!«

11

KEINE WEITEREN FRAGEN!

»Meine Bewährungszeit ist bald vorbei«, verkündete Bob seiner Frau triumphierend schon in der Haustür.

»Das ist aber schön!«, rief sie und bedachte ihn mit Umarmungen und Küssen. »Wann weißt du es genau?«

Bob musste zugeben, dass er diese Frage nicht beantworten konnte. »Ich weiß nicht. Hier in diesem Umschlag ist meine letzte Aufgabe – die CEO muss doch wohl der Meinung sein, dass ich mich bald ›bewährt‹ habe.«

Bob und seine Familie aßen gemütlich zu Abend und unterhielten sich angeregt. Gegen halb zehn sagte er den Kindern »Gute Nacht« und ging in sein Arbeitszimmer. Er öffnete den Umschlag. *Ziemlich direkt*, dachte er, als er das Deckblatt überflog. Da stand:

Die Beantwortung der folgenden Fragen steht Ihnen frei. Die Effektivitätstrainerin würde sich freuen, Ihre Antworten mit Ihnen zu diskutieren, aber dazu sind Sie nicht

*verpflichtet. Vielleicht möchten Sie Ihre Antworten vor-
erst für sich behalten und zu einem späteren Zeitpunkt
darauf zurückkommen.*

Merkwürdig, dachte Bob. Er sah sich die zweite Seite
an. Sie enthielt mehrere Fragen, die wie folgt einge-
leitet wurden:

*Bitte nehmen Sie sich zur Beantwortung dieser Fragen
Zeit, bevor Sie morgen zum verabredeten Termin ins
CEO-Büro kommen. Umso leichter wird es Ihnen fallen,
die drei Ps in Ihrem privaten und beruflichen Leben zu
realisieren.*

Bob war stark versucht, diesen Teil des »Prozesses«
schlicht zu ignorieren – schließlich war er ja nicht
verpflichtet, seine Antworten abzugeben. *Aber halt!,*
dachte er. *Daraus könnte man schließen, dass es mir an
Engagement fehlt, und das wiederum würde mich als
Last-Minute-Manager abstempeln.*

Bob suchte nach einem funktionierenden Kuli,
fand schließlich einen und begann, jede Frage sorgfältig zu beantworten.

1. Beschreiben Sie, worin Sie derzeit Ihre Prioritäten sehen.

2. Wie engagiert setzen Sie sich für diese Prioritäten
   ein?

3. Welcher Aspekt der Maximen angemessenen Handelns (Propretät) erscheint Ihnen persönlich als besonders wichtig?
   - Das Richtige tun?
   - Das Richtige tun aus den richtigen Gründen?
   - Das Richtige tun mit den richtigen Leuten?
   - Das Richtige tun zur richtigen Zeit?
   - Das Richtige tun in der richtigen Reihenfolge?
   - Das Richtige tun mit Intensität?
   - Das Richtige tun mit Blick auf die richtigen Ergebnisse?

4. Können Sie Ihre persönliche Vision definieren? Was streben Sie als Lebenszweck/Mission an? Welches Bild haben Sie von der Zukunft?

5. Welche Werte sind Ihnen besonders wichtig?

6. Wie engagiert setzen Sie sich für diese Werte ein?

7. Wie sehen Ihre kurzfristigen Ziele aus?

8. Welche langfristigen Ziele verfolgen Sie?

9. Zum Thema Integrität:
   - Setzen Sie sich engagiert für die Wahrheit ein?
   - Sind Sie ehrlich zu sich selbst?

10. Sind Sie bereit, sich stets engagiert für Ihre Werte und Ziele einzusetzen?
    - Unabhängig davon, was es Sie letztlich kosten könnte?
    - Unabhängig von den potenziellen Konsequenzen?

Nachdem Bob die letzte Frage beantwortet hatte, sah er seine Antworten noch einmal durch. *Diesen Fragebogen werde ich nicht aus der Hand geben*, überlegte er. *Ich werde ihn bei mir behalten, damit ich immer daran denke, worauf es mir wirklich ankommt.*

Als Bob das CEO-Büro betrat, hätte er am liebsten lauthals verkündet: »Hier. Bob, der zeit- und zielbewusste Manager, meldet sich zum Dienst!« Doch diesen Impuls konnte er gerade noch unterdrücken.

»Haben Sie den Fragebogen ausgefüllt?«, fragte die Effektivitätstrainerin.

»Klar doch«, lautete Bobs selbstbewusste Antwort.

»Und?«

»Den werde ich als persönliche Erinnerungshilfe aufbewahren, aber natürlich möchte ich meine Antworten mit Ihnen diskutieren«, antwortete Bob, der für eine neue Vorgehensweise engagierte Manager.

Ein paar Minuten lang gingen sie Bobs Fragebogen durch; die CEO war von seinen Antworten sichtlich beeindruckt. Zum Abschluss des Gesprächs sprach sie Bob ihre Anerkennung für seinen guten Arbeitseinsatz aus und versicherte ihm, er mache seine Sache wirklich gut.

Auch ein Big Brother *kann sich zuweilen irren*, dachte sie, als Bob aus dem Büro ging.

12

ZEIT- UND ZIELBEWUSSTSEIN

Bob, der zeit- und zielbewusste Manager, ging in sein Büro zurück – federnden Schrittes, wie man es lange nicht mehr bei ihm gesehen hatte.

Zu den ersten Aktionen, die er an dem Tag anpackte, zählte diese: Er klebte einen Notizzettel an seinen Monitor, der ihn mahnen sollte, wann immer er in Richtung Computer schaute:

> **PRIORITÄT** – Triage-Analyse.
> **PROPRETÄT** –
> Maximen angemessenen Handelns.
> **ENGAGEMENT** – »Ich muss es ›wolln‹.«

Trotz dieser täglichen Mahnung war es schwer, alte Gewohnheiten aufzugeben. Bob hatte insbesondere damit zu kämpfen, seine Prioritäten – und seine Terminplanung ... seine Arbeitsweise – so zu koordinieren, dass er sowohl seinem beruflichen Engagement als auch seinen familiären Verpflichtungen gerecht werden konnte.

Als große Hilfe empfand Bob die Erarbeitung eines Formulars für seine tägliche Triage-Planung.

In diesen Tagesplan konnte er alle größeren Verpflichtungen eintragen, seine wichtigsten Aufgaben, E-Mails, Telefonate und »Muss es ›wolln‹«-Aktivitäten.

Bob machte auch auf anderen Gebieten spontane Fortschritte. So fuhr er eine Tankstelle an, lange bevor er tatsächlich auftanken musste. Selbst wenn der Tank noch dreiviertel oder halb voll war, tankte er nach, wenn er Zeit dafür fand. Seit er sich für dieses Vorgehen entschieden hatte, brauchte er sich nie mehr Sorgen zu machen, dass ihm auf der Fahrt zu einer wichtigen Verabredung der Sprit ausgehen könnte. Und die kleinen Lücken in seinem Terminplan nutzte er, um je nach Priorität alle kleineren Aktivitäten unterzubringen, so dass die großen Zeitblöcke produktiver genutzt werden konnten.

Des Weiteren lernte er zu delegieren – etwas, was ihm früher nie so recht gelungen war. Das Unternehmen hatte schon vor langer Zeit für jeden Manager ein Mobiltelefon angeschafft, aber er hatte nie die Zeit gefunden, alle Nummern einzuprogrammieren, die er häufig anwählte. *Aha!*, dachte er. *Ich werde Michelle bitten, die Nummern in ihrer Freizeit zwischen Schule und Tanzstunde einzuprogrammieren.* Seine Tochter brauchte gerade mal 35 Minuten dafür und freute sich über die 10 Dollar, die ihr Taschengeld aufbesserten.

TRIAGE-PLAN FÜR _____ 20___

ANSTEHENDE TELEFONATE

☐ ☐ ☐ ☐ ☐ ☐ ☐ ☐ ☐ ☐ ☐ ☐ ☐ ☐ ☐

ZU ERLEDIGENDE E-MAILS

☐ ☐ ☐ ☐ ☐ ☐ ☐

MEINE »MUSS ES ›WOLLN‹«-AKTIVITÄTEN

Sport

☐ ☐ ☐ ☐ ☐ ☐ ☐

GRÖSSERE AUFGABEN FÜR HEUTE

☐ ☐ ☐

HAUPTAKTIVITÄTEN IM RAHMEN DIESER AUFGABEN

☐ ☐ ☐

BÜROARBEITEN

☐ ☐ ☐

Von besonders nachhaltiger Wirkung war eine Lektion in Sachen Anwendung der 3-P-Strategie: Bob bekam Besuch von einem Vertreter, der auf die Lieferantenliste gesetzt werden wollte.

»Ich kann nicht nur die Preise meiner Konkurrenten um zwei Prozent unterbieten«, prahlte der Besucher, »sondern ich kann Ihnen auch eine kontinuierliche ›persönliche Management-Vergütung‹ von fünf Prozent bieten, die direkt auf Ihr Privatkonto fließt, ohne dass jemand davon erfährt.«

Bob ließ den Besucher reden, während ihm eine schnelle Abfolge der Handlungsmaximen durch den Kopf ging. *Der will mir Schmiergeld zahlen. Das zu tun ist nicht das Richtige, schon gar nicht aus den richtigen Gründen, und der Kerl hier ist bestimmt nicht der richtige Partner.*

Also wies Bob dem Besucher die Tür.

Nach einiger Zeit schien Bobs Terminplanung wieder mal aus allen Nähten zu platzen – oft blieben am Tagesende wichtige Aktionen unerledigt, trotz seiner deutlich verbesserten Triage-Kompetenz.

Zum Glück hatte er jedoch ungeheures Vertrauen zu seiner Effektivitätstrainerin. Die hatte nämlich die seltene Gabe, Probleme mit klarem, unverstelltem Blick zu sehen. Bob fasste den Entschluss, mit der CEO über sein Problem zu reden.

Die Effektivitätstrainerin hörte ihm aufmerksam zu und drückte dann, ohne jede Vorwarnung, den magischen Knopf auf ihrem Schreibtisch. Die Beleuchtung im Raum wurde schwächer, die Leinwand fiel von der Decke und es ertönte leise Musik. Bob wunderte sich: »Jetzt sagen Sie bloß nicht, dass es noch ein weiteres P gibt!«

Die CEO lächelte, antwortete aber nicht. Die Antwort würde schon der Projektor geben. Und wie bei den drei Malen zuvor meißelte sich ein einziges Wort in die Steintafel. Dieses Mal hatte das Wort ganze vier Buchstaben – und der erste Buchstabe war kein »P«. Es war ein »N«.

Das Wort hieß: **NEIN**.

Bob staunte. »Nein?«, fragte er.

»Ja«, antwortete die CEO. »Oder richtiger gesagt: Ja und Nein. Ein zeit- und zielbewusster Manager weiß, *wann und wie man ja sagt und wann und wie man nein sagt.* Last-Minute-Manager geraten oft deshalb so hoffnungslos ins Hintertreffen, weil sie meinen, die angemessene Antwort auf eine Bitte könne immer nur ein ›Ja‹ sein. Hier kommt wieder der Unterschied zwischen Interesse und Engagement ins Spiel. Wenn Sie ›Ja‹ zu etwas sagen, an dem Sie interessiert sind, wissen andere Leute nicht, ob Ihr ›Ja‹ in Wirklichkeit ›vielleicht‹ bedeutet. Man kann sich für viele Dinge interessieren, aber Engagement sollte nur den Aktivitäten mit hoher Priorität vorbehalten bleiben, bei denen ein ›Ja‹ wirklich ein absolut bedingungsloses ›Ja‹ ist. Deshalb steigert Engagement die Intensität von Aktivitäten hoher Priorität.«

Bob war echt verdutzt. »Wenn ich auf eine an mich gerichtete Bitte mit ›Nein‹ reagiere, sieht das dann nicht so aus, als ob ich nicht bereit wäre, auf andere einzugehen und mich für sie einzusetzen?«

»Keineswegs. Die Leute meinen oft, Einsatzbereitschaft bedeute, jedem zu Gefallen zu sein. Das ist aber ein Missverständnis. Einsatzbereitschaft heißt, dass man das Wohl des Ganzen im Sinn hat. Dass einem an sich selbst, am Unternehmen, an den Mitarbeitern und an den Kunden mehr gelegen ist als an dem Bedürfnis, das häufig egoistische Ansinnen von Leuten mit einem ›Ja‹ zu befriedigen, die mit jener Philosophie nicht in Einklang stehen. So wie es Licht und Dunkelheit nicht am selben Ort zur selben Zeit geben kann, so passen auch egoistisches und selbstloses Handeln nicht zueinander. Und genauso wenig kann ein Last-Minute-Manager zugleich ein zeit- und zielbewusster Mensch sein. Es kommt wirklich nur darauf an, wofür Sie sich entscheiden ... und was Sie weiterhin anstreben.«

»Das hört sich wirklich vernünftig an«, bemerkte Bob. »Und ich verstehe jetzt auch, dass mir die drei Ps bei der Entscheidung helfen können, wann ich ›Ja‹ sagen muss und wann ein ›Nein‹ angemessen ist.«

»Genau! Der Grund, warum ich nicht ›Ja und Nein‹ auf meiner Leinwand stehen habe, ist der, dass dieses Nein den Leuten am meisten Schwierigkeiten bereitet. Sie müssen das Triage-Prinzip, die Hand-

lungsmaximen und den ›Ich muss es ›wolln‹‹-An-
satz bei jedem ›Ja‹ und bei jedem ›Nein‹ bedenken.
Sonst könnten Ihre ›Ja‹-Antworten schnell zu ›Vielleicht‹-Antworten geraten und damit setzen Sie sich
selbst und andere unter Stress.«

»Ich möchte Ihre Zeit nicht länger in Anspruch
nehmen«, sagte Bob und stand auf. »Das Gespräch
hat mir wirklich sehr geholfen.«

»Bob, da ist noch etwas, was Sie wissen sollten. Als
Ihre Weiterbeschäftigung von einer Bewährungszeit
abhängig gemacht wurde, kamen Sie verspätet zu
unserer ersten Sitzung; und zu unserem zweiten Gespräch stürmten Sie herein, noch ganz außer Atem.
Ich hätte den ›Prozess‹ damals an Ort und Stelle ab-
brechen müssen. Aber ich wollte Ihnen wirklich eine
Chance geben. Ich habe in der Zeitung gelesen, was
Sie alles für unser Gemeindeleben leisten. Ich spürte,
dass mir da ein wertvoller Mensch am Schreibtisch
gegenübersaß – auch wenn er ein Last-Minute-Manager war. Ehrlich, ich war davon überzeugt, dass ir-
gendwo hinter all den Last-Minute-Gewohnheiten
eine verantwortungsbewusste Persönlichkeit steckte. Deshalb rief ich meinen Big Brother an und fragte
ihn, ob er nicht auch der Meinung sei, Sie seien es
wert, weiterbeschäftigt zu werden. Er sagte: ›Ja, wenn
Sie eine Möglichkeit finden, ihn von einem Last-Minute-Manager zu einem zeit- und zielbewussten Manager umzukrempeln.‹ Allerdings gab er offen zu, er
wisse nicht, wie das zu bewerkstelligen sei. Er war

auch keineswegs überzeugt, dass ein Chief Effectiveness Officer zur Problemlösung beitragen konnte,
aber da haben Sie ihn eines Besseren belehrt.«

Bob war einigermaßen sprachlos. »Sie haben
einen älteren Bruder? Und der arbeitet auch hier?
Kenne ich ihn?«

Die Effektivitätstrainerin lächelte. »Ich habe nicht
von einem älteren Bruder gesprochen. Ich habe von
einem ›Big Brother‹ gesprochen. Mein Big Brother
und seine Frau haben mir über schwierige Zeiten –
unmittelbar nach dem Tod meines Vaters – hinweg-
geholfen, als ich gerade erst zwölf Jahre alt war.
Meine Mutter brachte mich zu *Big Brothers Big Sisters*, einer wunderbaren Organisation, die Jugend-
lichen hilft, Vorbilder zu finden. Und so habe ich
Dave und Beth kennen gelernt.«

»Dave? Beth?«, fragte Bob. »Ich kenne auch einen
Dave und eine Beth, ob Sie es glauben oder nicht.«

An dieser Stelle musste die CEO lachen. »Sagen
Sie bloß!«

Bob war wie vom Donner gerührt. »Sie meinen
doch nicht …?«

»Dave Pederson, unseren Vorsitzenden und Chief
Executive Officer …?«, half die CEO nach.

»Doch, den Dave meine ich.«

»Der ist es. Mein Big Brother. Und Beth ist meine
Big Sister. Ich bin stolz, das sagen zu können.«

»Also so was! Das hätte ich nie gedacht!«

»Bob, die beiden haben mein Leben verändert. Sie

haben mich in einer Weise bereichert, wie ich es mir nie hätte vorstellen oder voraussagen können. Und deshalb fasste ich den Entschluss, alles in meinen Kräften Stehende zu tun, um das Leben anderer zu bereichern. Und dies meinte ich am besten verwirklichen zu können, wenn ich CEO würde – eine Caring Sister gewissermaßen, die sich anderer annimmt.«

»Ich habe Sie nie als Schwester betrachtet, aber ganz sicher haben Sie mein Leben verändert. Und dafür bin ich Ihnen dankbar!«

Die CEO freute sich über Bobs Worte. »Bob, ich würde sagen, Ihre letzten zehn Monate sind in jeder Hinsicht ein Erfolg gewesen. Und wenn ich dazu habe beitragen können, ist mir das Lohn genug.«

»Ganz bestimmt – und mehr, als Sie es sich vorstellen können.«

»Das freut mich.«

Bob stand auf. Er wollte sich verabschieden, aber die CEO sagte:

»Haben Sie vielleicht noch eine Minute Zeit?«

»Sicher«, gab Bob zur Antwort.

»Ich muss Ihnen wichtige Neuigkeiten mitteilen, Bob, und ich möchte, dass Sie als Erster davon erfahren. Ich erwarte ein Baby, mein Mann und ich freuen uns riesig.«

»Wie schön!«, rief Bob.

Die CEO fuhr fort: »Ich habe beschlossen, dass mein Baby oberste Priorität für mich haben soll … ich werde *Algalon* aus diesem Grund verlassen. Abgesehen von ein paar Vortragsverpflichtungen plane ich, Vollzeit-Mutter zu werden.«

Bob spürte plötzlich einen Kloß im Hals. »Ich werde Sie wirklich vermissen. Ich gebe es nicht gern zu, aber Sie sind inzwischen eine Art Rückversicherung für mich.«

»Sie werden das prächtig ohne mich schaffen, Bob. Sie sind ein wunderbar zeit- und zielbewusster Manager geworden und das wird vermutlich auch so bleiben.«

»Wann haben Sie Ihren letzten Tag hier?«

»Morgen in vierzehn Tagen.«

»Darf ich Sie zum Mittagessen einladen, bevor Sie gehen?«

»Es wäre mir eine Ehre«, erwiderte die CEO.

Die beiden verabschiedeten sich, und als Bob am Abend nach Hause fuhr, verspürte er ein erstarktes Vertrauen in seine Fähigkeit, das Leben zu meistern – zum Teil, weil er wusste, dass er letztlich »Nein« sagen konnte, zum Teil aber auch, weil er plötzlich erkannte, dass es Menschen auf dieser Welt gibt, die andere durch ihr selbstloses Verhalten bereichern und befähigen. *Welch wunderbares Vermächtnis sie zurücklassen wird*, dachte Bob auf der Heimfahrt.

Fünf Stunden später, als er gerade einschlafen wollte, tauchte, anscheinend aus dem Nichts, ein beunruhigender Gedanke auf.

Ich weiß: »Ich muss es ›wolln‹. Aber was ist es, was ich ›wolln‹ muss?«

13

DIE PERFEKTE LÖSUNG

Exakt um 2:32 Uhr in der Frühe schreckte Bob aus
dem Tiefschlaf auf.

»Ich hab's!«, rief er laut.

»Mmmm?«, murmelte seine Frau, unsanft aus ihrem schönen Traum gerissen. »Was hast du?«, fragte
sie schlaftrunken.

Ein paar Minuten später saßen die beiden am Kü-
chentisch und tranken heißen Tee. Sie unterhielten
sich angeregt. Es gab so viel zu bedenken. So viele
positiven und negativen Aspekte abzuwägen. Schließlich würde dies eine große Veränderung, einen tota-
len Richtungswechsel, bedeuten.

»Glaubst du, dass sie darauf eingehen?« Bobs Frau
äußerte Bedenken.

»Ich weiß nicht. Aber versuchen kann man es ja.«

Um 4:49 Uhr schließlich sagte Bobs Frau aufmunternd: »Bob, wenn du es wirklich willst, musst du es
tun!«

Als Bob, der mangels Schlaf noch müde Manager,
am nächsten Morgen ins Büro kam, rief er sofort die
Effektivitätstrainerin an.

»Hier Bob. Sehen Sie eine Möglichkeit, dass wir uns heute zum Lunch treffen?«, fragte er zögernd.

Die CEO prüfte ihren Terminkalender. »Ich müsste eine Sitzung verschieben, aber ich bin sicher, das geht. Also, gern!«

Das Gespräch beim Lunch verlief besser, als Bob es sich hätte träumen lassen. Sofort nach der Rückkehr in sein Büro rief er die Personalchefin an. »Könnten die CEO und ich Sie heute Nachmittag für ein paar Minuten sprechen?« Sie stimmte zu, und so verabredeten sich die drei für 14:15 Uhr in Bobs Büro. *Perfekt! Dann habe ich gerade noch genug Zeit, um meine Gedanken am Computer zu ordnen.*

Nach der Begrüßung brachte Bob das Gespräch ohne Umschweife auf den Punkt. Er überreichte der Personalchefin einen Umschlag. Sie öffnete ihn und zog zu ihrer Überraschung das Resümee aus Bobs Überlegungen heraus. Die Effektivitätstrainerin saß nur da, mit wissendem Lächeln.

»Sind Sie sicher, dass es das ist, was Sie wollen, Bob?«, fragte die Personaldirektorin.

»Ganz sicher. Wirklich, ich ›wills‹!«

Die Personalchefin wendete sich an die CEO. »Was halten Sie denn davon?«

»Ich könnte mir keinen Besseren für die Position vorstellen. Ich bin überzeugt, dass er perfekte Arbeit leisten wird.«

»Wenn das so ist« – die Personalchefin hatte keine weiteren Einwände.

Sie führte noch ein kurzes Telefonat mit Dave, um ihm Bobs Idee vorzutragen. Als sie den Hörer auflegte, sagte sie: »Bob, ich freue mich, Ihre Bewerbung annehmen und Sie als unseren neuen Chief Effectiveness Officer begrüßen zu können!«

EPILOG

PERSÖNLICHE ANMERKUNG
DER AUTOREN

Bob, der frisch gebackene Effektivitätstrainer, war weit davon entfernt, Perfektion in seiner neuen Position zu beweisen. Vielmehr gab er den Kollegen im Unternehmen zu verstehen: »Wir sitzen alle im selben Boot. Wir lernen zusammen, wir wachsen zusammen und wir werden zusammen mit Erfolg Zeit- und Zielbewusstsein entwickeln.« Zu seinen ersten Amtshandlungen zählte die Verteilung kleiner Kärtchen an sämtliche Mitarbeiter. Darauf stand:

**DIE DREI Ps FÜR
ZEIT- UND ZIELBEWUSSTSEIN:**

**PRIORITÄT – Triage-Analyse.
PROPRETÄT –
Maximen angemessenen Handelns.
ENGAGEMENT – »Ich muss es ›wolln‹.«**

»Dieses Kärtchen müssen Sie ständig bei sich tragen oder an Ihren Computer kleben – als Erinnerung daran, wie wichtig die drei Ps für unseren beruflichen und persönlichen Erfolg sind«, sagte er aufmunternd beim Verteilen der Karten.

Bob praktizierte eine Politik der offenen Tür und erklärte sich auch zu privaten, vertraulichen Gesprächen außerhalb des Büros bereit, wenn jemandem nur auf diese Weise zu Zeit- und Zielbewusstsein zu verhelfen war. Mit der Zeit gewann er das Vertrauen der Mitarbeiter und entwickelte sich schließlich zu einer Art Kupplung im Getriebe der sich aneinander reibenden Abteilungen.

Die drei Ps hatten für Bob derart an Bedeutung gewonnen, dass er das Unternehmen veranlasste, den Effektivitätsprozess als zentrale Rahmenstruktur des Orientierungsprogramms für neue Mitarbeiter einzusetzen.

Bob behielt auch die Maßnahme seiner Vorgängerin bei, Botschaften auf Band zu sprechen, die alle Mitarbeiter nach Belieben abrufen konnten. Er bezeichnete sie als »Momente der Besinnung«, die im Unternehmen zum Tagesgespräch wurden.

Zur früheren CEO hielt er engen Kontakt, denn wann immer er seine »Batterien aufladen« musste, wusste er: Auf sie ist Verlass. Die beiden beschlossen sogar, gemeinsam Artikel zu verfassen und Präsentationen über die Funktion von Effektivitätstrainern zu halten, damit andere Unternehmen ebenfalls zeit- und zielbewusste Führungskräfte ausbilden konnten.

Auch persönlich profitierte Bob von der Praktizierung der drei Ps, denn sie verhalfen ihm zu körperlicher und seelischer Ausgeglichenheit. Er dachte daran, was ihm die CEO seinerzeit über ihren Vater erzählt hatte, und war fest entschlossen, keine wichtigen Ereignisse in Jareds und Michelles Leben mehr zu versäumen – von Abschlussfeierlichkeiten bis hin zur Geburt des ersten Enkels! Die Besuche im Fitness-Center wurden häufiger und regelmäßiger und er verspürte sogar das Bedürfnis, sich spirituell weiterzuentwickeln.

Wie anderen zeit- und zielbewussten Managern war Bob nun klar, wer er war, welches Ergebnis er anstrebte und was ihm zur Orientierung diente. Frühzeitig erkannte er, wenn Veränderungen und Herausforderungen bevorstanden – und packte Probleme direkt an.

Zeit- und zielbewusste Manager machen sich aus den richtigen Gründen auf ihren ganz besonderen Weg, mit den richtigen Leuten, zu genau der richtigen Zeit und mit den richtigen Ergebnissen vor Augen. Unterwegs wickeln sie die richtigen Schritte in der richtigen Reihenfolge ab, und was sie tun, tun sie mit großer Intensität.

Zeit- und zielbewusste Manager engagieren sich sowohl für den Weg als auch für das Ziel. Sie engagieren sich für ihre Vision. Für die Wahrheit. Für Integrität. Für das Wohl anderer.

Sie sind Träumer.
Und doch sind sie Realisten.

Sie geben die Hoffnung nie auf.

Und doch erkennen sie die Realität der gegenwärti-
gen Situation.

Sie sind gute Zuhörer.

Und doch melden sie sich gegebenenfalls nachdrücklich zu Wort.

Sie interessieren sich für ihre Mitmenschen.

Sie sind nicht gleichgültig.

Sie ersetzen egoistisches Verhalten durch Selbstlo-
sigkeit.

Sie sind bereit, übergeordneten Werten zu dienen.

Bob, der ehemals säumige Last-Minute Manager,
kam schließlich auch dahinter, dass er auf die Be-
dürfnisse und Wünsche seiner Familie eingehen und
sich um seine Frau und seine Kinder bemühen
musste.

Zuweilen kann die Entscheidung, die drei Ps mit
Leben zu erfüllen, mit Schwierigkeiten verbunden
sein, denn der zeit- und zielbewusste Manager segelt
nicht immer in ruhigen Gewässern. So gab es auch
Zeiten, in denen sich Bob noch so sehr anstrengen
mochte und doch kaum etwas zu bewirken schien. Es
gab sogar Zeiten, in denen er selbst aus der Spur ge-
riet. Aber sein Leitspruch war und blieb »Ich muss es
›wolln‹«, und das machte ihm immer wieder Mut.

Sie, lieber Leser, sollten vor allem eines bedenken:
Sie können noch so gute Absichten verfolgen – wenn
Sie diese gewohnheitsmäßig auf die lange Bank schie-

ben, wenn Sie Ihre diversen Verpflichtungen nicht einer Triage-Analyse unterziehen, wenn Sie die Maximen angemessenen Verhaltens außer Acht lassen und wenn Sie es an Engagement fehlen lassen, könnte Ihnen über kurz oder lang eine Katastrophe ins Haus stehen!

Wir sind davon überzeugt: Wenn Sie Situationen, in denen Privatpersonen oder auch Unternehmen so richtig »auf die Schnauze gefallen« sind, sorgfältig untersuchen, wird Ihnen auffallen, dass es vorrangig Aufschiebetaktiker sind, die mit ihrem Verhalten Schiffbruch erleiden. Warum das so ist? Weil solche Leute die fundamentale Herausforderung der drei Ps verkennen.

Sollten Sie in unserer Story irgendeine Parallele zu Ihrem eigenen Leben entdeckt haben, möchten wir Ihnen Mut machen! Sie können Ihre dumme Angewohnheit, alles auf die lange Bank zu schieben, ein für alle Mal ablegen. Sie werden in jedem Bereich Ihres Lebens Zeit- und Zielbewusstsein entwickeln!

Aber Sie müssen es selbst »wolln« ...

... weil kein anderer für Sie »wolln« kann.

Ken und Steve

AUCH SIE KÖNNEN ETWAS BEWIRKEN ...

Als Big Brother – oder Big Sister – können Sie im Leben eines jungen Menschen die Funktion eines persönlichen »Chief Effectiveness Officer« übernehmen und damit eine positive Wirkung erzielen, die ein Leben lang anhält. Auch Sie können etwas bewirken! Wenn Sie Näheres über Kontakte zu *Big Brothers Big Sisters* wissen wollen, brauchen Sie nur die Website *www.bigbrothersbigsisters.org* aufzusuchen.

DANKSAGUNG

Auch auf die Gefahr hin, jemanden versehentlich auszulassen, dem Anerkennung gebührt, möchten wir den nachstehend genannten Personen für ihr Interesse und ihre Anteilnahme an unserem Leben und am vorliegenden Buch ausdrücklich danken:

Henry Ferris, unser professioneller und talentierter Lektor, hat die entscheidende Botschaft dieses Buches von Anfang an »kapiert«; die Zusammenarbeit mit seiner Assistentin Lisa Nager war ausgesprochen angenehm; und Michael Morrison als Herausgeber von William Morrow hat unser Projekt nachdrücklich unterstützt.

Richard Andrews und Humberto Medina haben scharfen Geschäftsverstand bewiesen, was uns zu einer für alle Parteien günstigen Vertragsbildung verholfen hat.

Sheldon Bowles zählt zu den konstruktivsten und kreativsten Zeitgenossen und hat Steve von Anfang an Mut gemacht.

Alan V. Brunacini leitet das *Phoenix Fire Department* und ist Autor des Buches *Essentials of Fire Department Customer Service*. Er hat uns dankenswerterweise an seiner Mission, seiner Vision und seinen Werten teilhaben lassen.

Dottie Hamilt und Anna Espino, das talentierte Büroteam von Ken Blanchard, war immer für uns da.

Martha Lawrence, eine außergewöhnlich fähige Autorin und Lektorin, hat uns stets unterstützt und besonders in der Endphase unseres Buchprojekts geholfen.

Norman Vincent Peale hat freundlicherweise seine Erkenntnisse zur Ethischen Kontrolle eingebracht.

Dr. Robert Stadheim hat uns davon überzeugt, dass kein anderer für uns wollen kann – »man muss es (selbst) ›wolln‹«.

Jesse Stoner hat uns Hilfreiches zum Thema Vision vermittelt.

Art Turock hat uns auf den Unterschied zwischen Engagement und Interesse hingewiesen.

Abschließend möchte Steve noch einige spezielle Dankesworte loswerden:

Ich danke den nachstehend genannten Freunden, denen ich auf vielfältige Weise zu Dank verpflichtet bin:

Father Duane Pederson, Rosey Grier, Estean Hanson Lenyoun III, Dave Gjerness, Michael Clifford, Senator Dave Durenberger, Pam und Gary Benoit, Scott Blanchard, Kathy Styer, Ken und Susan Wales, Dough und Sandy Ross, Samuel Lopez de Victoria, John Hanson, Don Stolz und Terry Esau.

Mein Dank geht auch an Dave Johnson und Theresa Lynch als meine Fluglehrer, die mich die Bedeutung von »man muss es ›wolln‹« gelehrt haben.

Dankbar bin ich darüber hinaus Richard Baltzell, einem langjährigen Freund im Verlagswesen, der meine Fragen immer geduldig beantwortet und mir stets mit Rat und Tat zur Seite steht.

Nicht zu vergessen sind Walt Kallestad, Paul Sorensen und Tim Wright – sie wissen schon, wofür ich ihnen dankbar bin.

Ein besonderer Dank gebührt Ole Loing, meinem einstigen Englischlehrer, der mir im siebten Schuljahr Mut machte, indem er mir glaubhaft versicherte, ich könnte sehr wohl zusammenhängende Sätze herausbringen und brauchte mich nicht mit einer »Fünf« im Zeugnis zu begnügen ...

Unseren Frauen Margie und Karla danken wir, dass sie uns immer wieder angespornt und aufgemuntert haben. Auch bei unseren Kindern Scott und Debbie Blanchard (und Debbies Mann Humberto), Jonathan und Michelle Gootry (und ihrem Mann Jared) sowie Kalla Paige möchten wir uns für ihre liebevolle Unterstützung bedanken.

Wir, die Autoren, glauben, dass es letztlich Gott ist, der uns auf die Idee der 3-P-Strategie gebracht hat; ihm gebührt unser ewiger Dank.

ÜBER DIE AUTOREN

KEN BLANCHARD ist Chefdenker von *The Ken Blanchard Companies*, einer weltweit agierenden Aus- und Fortbildungsinstitution. Er ist Autor mehrerer Bestseller, darunter *Der Minuten Manager*, der international wie eine Bombe eingeschlagen hat, oder auch die Riesenerfolge *Whale Done! Von Walen lernen*, *Raving Fans* und *Gung Ho. Wie Sie jedes Team auf Höchstform bringen* – mit einem Absatz von insgesamt über dreizehn Millionen Exemplaren in mehr als fünfundzwanzig Sprachen. Darüber hinaus war Ken Blanchard an der Entwicklung von *Situational Leadership*® *II* beteiligt, einem Leadership-Programm, das weltweit zu den in besonderem Maße praxisnahen, effektiven und weithin eingesetzten Führungsinstrumenten zählt, die heute auf dem Markt sind. Kaum einer hat auf das Alltagsgeschäft in Sachen Mitarbeiterführung und Unternehmensmanagement einen positiveren und nachhaltigeren Einfluss genommen als Ken Blanchard. Er und seine Frau Margie leben in San Diego; sie arbeiten mit Sohn Scott, Tochter Debbie und Schwiegersohn Humberto Medina zusammen.

Dienstleistungen

The Ken Blanchard Companies ist weltweit führend auf den Gebieten des arbeitsplatzorientierten Lernens, der Mitarbeiterproduktivität und der Führungseffektivität. Aufbauend auf den Prinzipien der Bücher von Ken Blanchard gilt das Unternehmen als wegweisend hinsichtlich der Entwicklung von Führungsfähigkeiten und der Anerkennung von Mitarbeiterleistungen bei der Erreichung strategischer Ziele. Durch Seminare und eingehende Beratung hinsichtlich Teamarbeit, Kundenservice, Führung, Performance-Management und organisatorischem Wandel unterstützt *The Ken Blanchard Companies* seine Klienten nicht nur in ihrem Lernprozess, sondern leistet auch Hilfestellung bei der Überbrückung der Kluft zwischen Lernen und Handeln.

Wenn unsere Manager-Story Sie angeregt hat, mehr über die 3-P-Strategie in Erfahrung zu bringen, besuchen Sie uns einfach auf unserer Website *www.kenblanchard.com/ontime-ontarget*: Sie können gebührenfrei einen von Ken und Steve verfassten Text herunterladen. Weitere Informationen zu unseren hochgradig effektiven Aus- und Fortbildungsprogrammen, die alle auf den im Buch ausgeführten grundlegenden Managementphilosophien und -praktiken aufbauen, erhalten Sie, wenn Sie unsere Website besuchen oder sich direkt an unser Unternehmen wenden:

The Ken Blanchard Companies
125 State Place
Escondido, CA 92029
Tel.: 800/728-6000 oder 760/489-5005
Fax: 760/489-8407
Website: www.kenblanchard.com

Im deutschen Sprachraum sind alle Original-Bera-
tungskonzepte von Ken Blanchard bei Voss + Partner verfügbar. Eine Anpassung an Ihre individuelle
betriebliche Situation ist jederzeit möglich.

Voss+Partner

Voss + Partner
Training – Beratung – Entwicklung
Siemensstr. 31
25462 Rellingen bei Hamburg
Tel. 04101/3844-0
Fax. 04101/31636
E-Mail: infovoss@voss-partner.org
Website: voss-training.de

STEVE GOTTRY ist Begründer und Vorsitzender von *Gottry Communications Group, Inc.*, einer in
Minneapolis, Minnesota, ansässigen Werbeagentur
und Video-Produktionsfirma mit umfassendem Ser-
vice-Angebot. Seit seiner Gründung im Jahr 1970 ist

das Unternehmen landesweit in zahlreichen unterschiedlichen Organisationen tätig. Zu den Klienten zählen *HarperSanFrancisco, Career Press, Zondervan Publishing House, Prudential Commercial Real Estate, Warner Bros., World Wide Pictures, United Properties, Alpha Video, NewTek, Inc., Pemtom Homes* und *Standard Publishing*. Die Gottry-Firma hat eine Reihe nationaler Preise gewonnen, darunter drei Silber-Mikrofone für Radiowerbung und weitere Auszeichnungen für Direktwerbung in Post und Film (International Advertising Festival, New York).

Im Mai 1991 wurde Gottrys Agentur vom *Bloomington Chamber of Commerce* zum »Kleinunternehmen des Jahres« gekürt. Und 1995 wurde Steve Gottry von derselben Handelskammer zum »Kleinunternehmen-Advokaten des Jahres« ernannt.

Steve Gottry ist (zusammen mit Linda Jensvold Bauer) Koautor von *A Kick in the Career* sowie Autor von *Common Sense Business in a Nonsense Economy*, ursprünglich 1994 bei *Pfeiffer & Company*, San Diego, erschienen. Darüber hinaus ist er Koautor eines Romans und hat ein Buch für angehende Drehbuchautoren über die Strukturierung erfolgreicher Plots geschrieben. Des Weiteren hat er die Drehbücher zu vier Fernseh- und Video/DVD-Produktionen verfasst; außerdem schreibt, produziert und leitet er kommerzielle und industrielle Video-Projekte.

Im Jahr 1996 ist Steve Gottry mit der ganzen Familie nach Arizona gezogen, um das kältere Klima in

Minnesota gegen (durchschnittlich) 320 Tage warmen Sonnenscheins im Jahr einzutauschen. Seit Oktober 1998 arbeitet er mit Ken Blanchard bei einer Reihe von Verlagsprojekten zusammen.

Steve Gottry ist Mitglied der *Dobson Ranch Toastmasters* (Mesa, Arizona), ein im Instrumentenflug ausgebildeter Pilot, leidenschaftlicher (halbprofessioneller) Fotograf und begeisterter Fan der *Arizona Diamondbacks*. Er liebt das Leben in der freien Natur und schreibt am liebsten im herrlich gelegenen Sedona auf einem einsamen Campingplatz in Ozeannähe oder auch nur »draußen am Pool«.

Zwecks näherer Informationen wenden Sie sich bitte an:

Steve Gottry
Priority Multimedia Group, Inc.
P.O. Box 41540
Mesa, AZ 85274-1540
Tel.: 480/831-5557
Fax: 480/831-7373
E-mail: steve.gottry@ontime-ontarget.com
Website: www.ontime-ontarget.com